U0246218

Nature
History
Library

博物文库

总策划： 周雁翎

博物学经典丛书　　　　策划：陈　静

博物人生丛书　　　　　策划：郭　莉

博物之旅丛书　　　　　策划：郭　莉

自然博物馆丛书　　　　策划：邹艳霞

自然散记丛书　　　　　策划：邹艳霞

生态与文明丛书　　　　策划：周志刚

自然教育丛书　　　　　策划：周志刚

博物画临摹与创作丛书　策划：焦　育

博物文库·博物学经典丛书

薛晓源 主编

The Wolf Handbook Illustrated

狼图绘

西方博物学家笔下的狼

〔法〕布丰 〔美〕约翰·奥杜邦
〔英〕约翰·古尔德 等著
周思成 译 张劲硕 校

北京大学出版社
PEKING UNIVERSITY PRESS

图书在版编目(CIP)数据

狼图绘：西方博物学家笔下的狼/（法）布丰等著；
周思成译. —北京: 北京大学出版社, 2018.1
（博物文库·博物学经典丛书）
ISBN 978-7-301-26577-2

Ⅰ.①狼… Ⅱ.①布… ②周… Ⅲ.①狼–图谱
Ⅳ.①Q959.838–64

中国版本图书馆CIP数据核字 (2015) 第298011号

书　　　名	狼图绘：西方博物学家笔下的狼	
	LANG TU HUI: XIFANG BOWUXUEJIA BI XIA DE LANG	
著作责任者	〔法〕布丰　〔美〕奥杜邦　〔英〕古尔德 等著	
	周思成 译　张劲硕 审校	
策 划 编 辑	陈　静	
责 任 编 辑	邹艳霞　李淑方	
标 准 书 号	ISBN 978-7-301-26577-2	
出 版 发 行	北京大学出版社	
地　　　址	北京市海淀区成府路205 号　100871	
网　　　址	http://www.pup.cn　　新浪微博: @北京大学出版社	
微信公众号	科学与艺术之声（微信号：sartspku）	
电 子 信 箱	zyl@pup.pku.edu.cn	
电　　　话	邮购部 62752015　发行部 62750672　编辑部 62767857	
印 刷 者	北京方嘉彩色印刷有限责任公司	
经 销 者	新华书店	
	720毫米×1020毫米　16开本　11.75印张　150千字	
	2018年2月第1版　2018年2月第1次印刷	
定　　　价	59.00元	

THYLACINUS CYNOCEPHALUS.

目　录 | Contents

H.C. Richter, del. et lith.

THYLACINUS CYNOCEPHALUS.

Hullmandel & Walton Imp.

序 言

Preface

薛晓源（中央编译局　研究员）

狼究竟是一种怎样的动物，除了文学作品和童话故事之外，我们对狼的知识还了解多少？

经过大量索检，我发现许多西方博物学家都研究和描述过狼，有法国博物学家布丰，有英国博物学家达尔文，有美国博物画大家奥杜邦，英国博物学家米瓦特还专门写过《犬、胡狼、狼与狐：犬科动物专论》，等等。

欣喜之余，我将这些博物学家关于狼的研究编成此书，配上80余幅精美的手绘图，这样大致能梳理和描绘近代以来博物学家对狼的认知和描绘。

书中所涉，从布丰到纳尔逊，有100多年历史，从中展示博物学家百年来对狼的认知和描述史，展示对狼的毛色、体型、种类、习性、地理分布的描述、分类、命名逐渐深化并成为知识体系，从简单的情感判断到价值判断、审美判断，表明博物学关于狼的知识成熟。这十几位博物学家从不同的知识立场，拥有不同的实地探险经验，描述狼在世界各地的分布和运行轨迹以及逐渐灭绝的趋向。从布丰到纳尔逊，博物学家对狼的态度，逐渐在深化和软化，从厌恶到同情，展示出博物学家悲悯的情怀和对生态平衡的关注。

作为美国鸟类学会、美国哺乳动物学会和华盛顿生物学会主席，纳尔逊在其名著《北美野生动物》中大声呼吁：文明要保持节奏，不要对狼斩尽杀绝。他对狼的态度同情且比较客观，对狼在维护生态平衡的作用做了客观公正的评价："完全消灭郊狼无疑将破坏生态平衡，助长老鼠、土拨鼠和其他同样有害的啮齿目动物的气焰，因此也会使庄稼遭到的破坏严重增加。"他对文明演进速度提出质疑和警惕，希望狼的灭绝速度延缓和减慢，使美国西部文学的浪漫色彩一直传递下去："郊狼给这片令人生畏的土地平添了许多趣味和本土色彩，因而也成为西部文学作品中的一个重要主题。在这里，它通常是狡诈多变和迅足的象征。不论它有什么过错，郊狼实在是一种奇特有趣的生物，我们希望，它从我们的荒野生活中彻底消失的那一天，要在很遥远的将来到来。"

重温纳尔逊上述警世醒言，也许是我们今天编辑和出版这部书的宏旨所在！

译者序言
"狼学"的知识考古学

周思成

一

用现代的声光技术将草原狼的各种体态和习性呈现在荧幕之上，供现代繁华都市中的男男女女欣赏，这只是不久以前才发生的事。人类接触、观察和评判狼的方式，经历了一个复杂而漫长的演变过程。

上古之民"冬居营窟，夏居巢"，茹毛饮血，救死不暇，对于狼这样一种凶暴的肉食动物，大抵不过视为威胁生存、欲食肉寝皮之大敌。因此，新大陆某些稀有的狼种，尽管博得了19世纪众多探险家和博物学家的青睐，当地的土著及拓荒者却仍然毫不留情，欲尽屠之而后快，也是同样的道理。社会稍离于野蛮，或有图腾崇拜之兴。草原民族以狼为部落图腾，其实渺而难征，即便确有其事，也恐怕难免如近来结构主义人类学家所言，以不同动物为符号，划分氏族部落的血缘—亲属以至经济—社会的边界，未必对狼有多少真情结。至少就笔者所知，曾被人误认为崇拜狼祖的蒙古民族，在社会经济生活中对狼却并没有什么脉脉温情可言。在元文宗至顺年间编纂的《经世大典》中，保存了一道公元1255年初春，当时的蒙古大汗蒙哥针对草原上的引弓之民颁发的圣旨："正月至六月尽，怀羔野物勿杀，狼不以何时而见，杀之无妨，违者夺所乘马及衣服弓矢，赏见而言者"，又引"先帝圣旨"言，"狼熊狐虎金钱豹可杀"（《经世大典·政典·鹰房捕猎》）。

人类社会稍进于文明，其观察和评判狼的方式也愈加理性化和多样化，然而根据我们的梳理,其实并不出于两条线索之外。其一,是以"人性"与"狼性"相对峙,在人性中发现并正视所谓的"狼性",另一方面又在狼身上发现了所谓的"人性",尤其是消极、负面的人性(残忍、凶暴、怯懦、狡诈等)。这种思维方式或许是欧洲文艺复兴的遗产,我们姑且名之为"内省"的方向。法国大文学家拉罗什富科(La Rochefoucauld)列举鸟兽虫豸如"虎、狮、熊、狼、狐、马、牛、猫、犬之殊类各种,猴、孔雀、鹦鹉、鹊、鸳、枭、蛇、虾蟆以至蜘蛛、蜂、蝶、蝇、蚤虱之属,人无不有其伦比",这与宋人施彦执《北窗炙輠》记周正夫释《孟子·尽心》章"万物皆备于我矣"时指出"所谓'狼如羊、贪如狼'、'猛如虎'、'毒如蛇虺',我皆'备'之",竟有异曲同工之妙(见钱锺书《管锥编》第3册第1163页)。故而布

《狂奔的狼》,阿尔弗雷德·科瓦斯基(Alfred Wierusz Kowalski,波兰画家,1849—1915)绘制

丰笔下的狼"生性粗野而胆怯，但是必要时也能变得机敏，迫不得已时也能变得大胆，若为饥饿所逼，它就会铤而走险"，"虽然凶狠，却非常胆怯。它一旦落入陷阱，就吓得魂不附体，长时间惊慌失措，任人宰杀也不自卫，任人活捉也不反抗。人们还可以给它套上项圈，系上锁链，戴上笼头，任意牵到各处展示，而它不会表现出一丝不满或不快"；奥杜邦描写一头郊狼"很想和当地那些狗搞好关系，尤其是我朋友的那只大型的法国贵宾犬。可惜，我们的贵宾犬不想让这头嚎叫着的野狼和自己一起玩，对它的示好常常报以一通愤怒的撕咬"；达尔文笔下的福岛狼之所以迅速灭绝于人类之手，乃是因为它们"对人殊少戒心"；等等。

左页图
《孤独的狼》（水彩画，1895），源自英国小说家吉卜林《两丛林之书》中的主角——一头名叫阿克拉的独狼

《马捷帕和狼群》(1826)，法国画家贺拉斯·贝内特绘制

　　通过动物志、传说、谚语或者其他载体，将某一种或者某一组抽象的道德品质（或者说非道德品质）固定在狼或其他野兽身上，人类便在自身的道德实践中，建立起一种更高的道德规范和道德批判。这种取譬于外，而内反诸身的过程，一方面将以狼、狐、虎等为代表的充满野性的自然界贬低为一种非理性的世界，另一方面在与这一世界垂直的维度上，建立起更高一层的理想的人类道德乌托邦。然而，17世纪的法国哲人拉布吕耶尔（Jean de La Bruyère）早已尖锐地道出："狼贪、狮狠、狙狡(des loups ravissants, des lions furieux,

《狼群奔袭马车》，阿尔弗雷德·科瓦斯基绘制

malicieux comme un singe），皆人一面之词，推恶与禽兽而引美归己"，其实"人之凶顽，远越四虫"。康有为则陈义更高，在他看来，人类仅为爱身自保，"不惮杀戮万物，矫揉万物，刻斫万物，以日奉其同形之一物"，而就爱同类而言，"虎狼毒蛇，但日食人而不闻自食其类，亦时或得人而与其类分而共食之。盖自私其类者，必将残刻万物以供己之一物，乃万物之公义也。

然则圣人之与虎，相去亦无几矣。不过人类以智自私，则相与立文树义，在其类中自誉而交称，久而人忘之耳；久之又久，于是虎负不仁之名，而人负仁义之名"（《大同书·壬部·去类界爱众生》，第288页）。可见，这种将人类社会的道德范式投射到自然界的做法，自来便颇遭先哲非议，而第二种观察和评判狼的方式遂逐渐占据上风。

二

这种方式并不满足于建立一种道德与非道德、理性与非理性对立的"上帝之城"与"地上之城"的对立，而是寻求将一种理性与和谐的秩序赋予这个世界，也就是建立一种"狼"（当然也包括几乎全部动植物）的类型学，这种努力的背后蕴藏着力求界定人与狼、人与自然界以至人与宇宙关系的尝试。相对于"外省"，我们不妨名之为"外察"的方向。与前一种方式比较，它不仅更具理性化的表象，且更接近古典时期的"博物学"或"自然史"的本质。

法国哲学家福柯（Michel Foucault）在词与物关系重新配置的坐标系上，重新思考文艺复兴以来西方思想史变迁的本质。他以文艺复兴时代末期到19世纪末与语言、生物、财富和经济生产的三种话语为批判对象，考察了西方"知识型"（l'épistémè，即某一时代决定各种话语和各门学科所使用的基本范畴的认识论的结构型式）及其转换的内在逻辑。他首先对于博物学产生的基础提出了自己的疑问：

"当我们确立起一个考虑周备的分类时，当我们说猫和狗之间的相似性比不上两条猎兔犬之间的相似性时，即使猫和狗都是驯顺而且有芬芳香味的，即使它们都是发疯似的急躁不安，即使它们都打破了水罐，那么，我们能借以完全确立这一分类的基础是什么呢？在什么'图表'上，依据什么样的同一性、相似性和类似性的空间，我们习惯于分拣出如此众多的不同的和相似的物？这

种连贯性是什么呢？"（《词与物》，第7页）

《孤独的狼》，阿尔弗雷德·科瓦斯基绘制

　　在福柯看来，古典时期的博物学，确实就是"关于特性的科学，这些特性确定了自然的连续性及其错综复杂性"（《词与物》，第98页）。由瑞典博物学家林奈（Carolus Linnaeus）向博物学提供的描述性秩序是颇为独特的，依据这一秩序，涉及特定动物的每一章都应遵循如下步骤：名字，理论，属、种、属性，用法，以及最后的文献。这种博物学实际上创造了一种全新的历史书写形式，它注重勾勒生物——以数量及尺寸来测量——的结构、特性以及纲目体系的连续性，它的文献"并不是其他的词、文本或记录，而是物与物并置在一起的清晰的空间，植物图集、收藏品、花园"，其间物

《奄奄一息的狼》，阿尔弗雷德·科瓦斯基绘制

《狼猎取食物》，德克尔绘制

种"依照各自的共同特征而被集合在一起，并且由此它们早已潜在地得到了分析，并只拥有它们自己的个体名字"（《词与物》，第173页）。

博物学家们对"狼"的研究遵循了同样的模型。像布丰那样仅仅用一个简单的法语词（Loup）来引出对狼的体型特征和习性的早期做法被舍弃了，根据林奈的分类体系，"狼"拥有了一个独一无二的拉丁学名"*Canis lupus*"，并在脊椎动物亚门哺乳纲下的犬科中得到了一个清晰的位置，在这个种下还包括大量亚种。我们会看到，博物学家们是如何对标本的毛色变化和骨骼数据锱铢必较，来确定他们所认为的灰狼亚种之间稳定的本质性差异或是相反的。奥杜邦以令人惊讶的细致描述了得克萨斯红狼的毛色特征:"鼻梁、嘴部周围和胡须呈黑色;鼻子的表面、眼睛周围,是红褐色;上嘴唇及嘴部周围、咽喉部位呈白色;眼皮,黄白色;前额毛发,根部呈红褐色,然后是一丛黄白色且黑尖的毛,整体看起来呈红褐色。耳朵内侧表面,白色;外侧表面,黄褐色。前腿,红褐色,有一道黑色条纹从肩部前方不规则地穿过膝盖直到脚掌附近。后腿外层绒毛,红褐色,内层颜色较浅。背部的下层软毛呈暗褐色,较长一些的毛发从根部直到三分之二长的位置,呈黑色,接下来是一层较宽的黄褐色,最后大多是黑色

《觅食的狼群》,阿尔弗雷德·科瓦斯基绘制

尖端。颈部毛色呈红褐色。咽喉及以下，黄白色，咽喉下方还带有条纹，胸部和腹部呈红色。尾部的软毛呈铅灰色，较长的绒毛和背部一样，只是尾巴尖端的毛大体都是黑色的。"通过对美洲四足兽的广泛研究，他开始发现："越往北，它们的颜色越显现出白色；而越往东或者说越靠近大西洋，颜色越灰；越往南，颜色则越黑；越往西，颜色越红。……狼也是如此。在北方，可以观察到变白的趋势，因此许多狼就是白色。在大西洋沿岸，在美国的中部和北部，绝大多数狼是灰色的。在南方，在佛罗里达，狼最常见的颜色是黑色，在得克萨斯州和西南部，颜色一般是红色的。从科学的原则出发，很难对这种引人注目的特性加以解释。"最终，在检查和比较了美洲狼的众多标本之后，奥杜邦发现："在所有对狼的描述中，颜色在分辨亚种方面是一个非常不确定的标准。"在米瓦特那里也是同样的情形，尽管他在自己的名作《犬、胡狼、狼与狐：犬科动物专论》一书中力求体例的严谨和界定的准确。例如，他仔细比较了灰狼的大量标本后发现：

"它们之间的差距与它们同印度狼的差距一样大。在我们仔细检查过的5张狼皮中，找不到足够令人满意的区别性特征，虽然它们肩上的V形的条纹比多数欧洲灰狼要更加明显。我们起初认为，头颅能够提供一些区别性特征，因为其在眼窝之间上方的凹度较大，上颚和上颌骨的缝线的位置也有所不同，此外，齿系的一些细部也是如此。但是，进一步考察这两个类型的头盖骨，我们十分肯定它们之间不存在任何稳定的区别，此外我们找不到其他可以依据的标本。"

最后，他不得不承认：

"许多动物学家均将灰狼的不同地区性变体（包括欧洲和美洲的）视为各独特的亚种。……犬科家族的成员如此丰富，以至于如何单独区分它们，很大程度上只能依据动物学家们自圆其说的个人意见而定。根据我们的原则，即对那些没有发现稳定的差异特征的种类不单独区分，那么，我们不得不认为，这些地区性变体只是灰狼的不同变体。"

这些博物学家在各自著作中对灰狼及其亚种的严谨细致的再现，确实是令人赞叹的，正如福柯所言："没有比在物中确立一个秩序的过程更具探索性、更具经验性，更需要一双锋利的眼睛或一种较为确信的抑扬顿挫的语言，更坚决地要求一个人要允许自己被性质和形式的激增所摆布"（《词与物》，第173页）。这并非是一种学究式的努力，而是力图使"大自然在其中能够充分地接近自身以便大自然包含的个体得以被分类，同时又充分地远离自身，以便这些个体必须通过分析和反思才能

《与狼搏斗》，法国画家圣马丁绘制

存在"（《词与物》，第169页），因此，福柯才认为，"自然主义者（博物学家）关注的是可见世界的结构及其依照特性而做出的命名"，这已经不仅仅是"狼学"或是"人学"的层面，而是接近于"天人之学"了。

三

我们将为读者展现的，首先是人类接触、观察和评判狼的方式中，这两类最具普遍性的理性观点，然而，我们并不十分关注这两条线索的历时性关系。毋宁说，在多数博物学家的"狼学"中，这两条线索是并存的、错杂的、时隐时现的。进一步言之，在这两条线索之外我们力图展现的，还是一种让读者带着一颗无偏无邪的心，通过形象来直观狼的世界以至整个自然界的可能性。在这一点上，笔者独于美国哲学家爱默生（Ralph Waldo Emerson）的《论自然》一文中发现了共鸣。爱默生抱怨："吾辈先人曾面对面地正视上帝、正视自然，吾辈却是通过他们去观照上帝和自然。吾辈为何不能直接同宇宙建立联系？"其实，"当心扉开放，自然景物总会留下亲近的印记。自然永无吝啬之外貌。如同智者也不会因大自然奥秘、发现其完美，而丧失对其好奇之心。自然之于智慧之心灵，绝非玩具。花朵、动物与群山，均折射智者思维之灵光，如同它们曾愉悦其纯真的童年……说实话，只有极少数成年人见到过自然。多数人不见太阳，至少，只是浮光掠影。阳光只照亮成年人双目，却可射入儿童的眼睛和心田。大自然热爱者

《狼袭击商队》，阿尔弗雷德·科瓦斯基绘制

的内、外感觉和谐共处；虽为成人却怀有婴儿之心灵，其与天地之交流已成每日之食粮；尽管心情悲怆，但面对自然时，仍会欣喜若狂"。列御寇那篇脍炙人口的寓言说："海上之人有好鸥鸟者，每旦之海上，从鸥鸟游。鸥鸟之至者百住而不止。其父曰：'吾闻鸥鸟皆从汝游，汝取来，吾玩之。'明日之海上，鸥鸟舞而不下也。"（《列子·黄帝篇》）说的正是这个道理。

【参考书目】

1. 钱锺书.管锥编［M］.北京：中华书局，1979.
2. 康有为.大同书［M］.北京：中华书局，2012.
3. ［法］米歇尔·福柯.词与物：人文科学考古学［M］.莫伟民，译.上海：上海三联书店，2002.
4. 杨伯峻.列子集释［M］.北京：中华书局，1979.

《狼与马队》，阿尔弗
雷德 · 科瓦斯基绘制

布丰像

布丰笔下的狼

作　者　Georges-Louis Leclerc, Comte de Buffon，1707—1788
　　　　布丰

书　名　Buffon：Morceaux choisis
　　　　布丰著，R. 诺里编：《布丰文选（插图本）》

版　本　Publiés avec une introduction et des notes par R. Nollet Paris: Hachette，
　　　　1920.

布丰（Georges-Louis Leclerc, Comte de Buffon，1707—1788），18世纪法国博物学家和作家。1707年生于法国勃艮第省孟巴尔城的一个小官员家庭，原名乔治·路易·勒克莱尔。布丰从小受教会教育，爱好自然科学。1730年，布丰结识了年轻的英国金斯顿公爵，并随他一起游历了法国南部、瑞士和意大利。在这位公爵的家庭教师、德国学者辛克曼的影响下，他开始刻苦研究博物学。1739年，布丰被任命为法国皇家御花园和御书房总管，他担任此职直至逝世。布丰任总管后，除了扩建御花园外，还建立了"法国御花园及博物

研究室通信员"组织,吸引了许多著名学者和旅行家加入,并收集了大量的动、植、矿物样品和标本。他利用这种优越的条件,毕生从事博物学研究,每日埋头著述,写出了36卷巨著《博物志》,包括《地球形成史》《动物史》《人类史》《鸟类史》《爬虫类史》《自然的分期》等几大部分,综合了大量的事实材料,对自然界作了精确、详细、科学的描述和解释,提出了许多有价值的创见。布丰下笔富于感情,他将狮、虎、豹、狼、狗、狐狸的猎食,海狸的筑堤,用形象的语言,作拟人的描写,生动活泼,被广为传颂。1777年,法国政府在御花园里给他建立了一座铜像,座上用拉丁文写着:"献给和大自然一样伟大的天才。"

　　狼喜欢吃肉，它有这种嗜好，而且大自然也赋予了它满足这种嗜好的各种手段——爪牙、狡诈、敏捷和力量，总之，用来发现猎物，攻击并战胜之，将其逮住并吞噬的一切必要天赋。尽管如此，狼还是经常饿死，因为人类已经向它开战，甚至悬赏它的首级，逼迫它逃亡，匿身丛林。而在那里生存的寥寥几种野生动物，又极为迅足，可以逃过它的捕猎，它只有靠运气或是耐心在这些动物出没的地点长久守候，才能够出其不意地捕获几只，有时候甚至一无所获。狼生性粗野而胆怯，但是必要时也能变得机敏，迫不得已时也能变得大胆，若为饥饿所逼，它就会铤而走险，去袭击有人看守的牲畜，特别是那些它能够轻易叼走的动物，例如绵羊羔、山羊羔和幼犬。这个窃贼一旦得手，往往会卷土重来，直到它在人类和猎犬手下受了伤，或者被赶走，吃了大亏为止。在白天，狼蜷伏在自己的巢穴里，直到夜间才出来活动。它在野地里出没，在定居点周围转悠，掠走那些被人遗弃的家畜，甚至直接袭击羊圈，在圈门下扒土掏洞，钻进去杀死所有的羊，然后才挑好猎物扬长而去。如果这些办法都行不通，那么它就回到树林，搜寻、跟踪并追猎野兽，希望另一只狼会半道杀出，逮住逃窜的野兽，好一同分享猎物。最后，狼若是饿到了极点，就会不顾一切地攻击妇女和孩子，有时甚至扑向男子，它由于种种极端行为而变

163. LE LOUP NOIR

黑狼

得疯狂，最后往往狂躁而死。

从外表和内部结构来看，狼都极像狗，仿佛是同一个模子造出来的，不过，狼所表现出来的，充其量是这个模子的反面，只是从完全相反的一面才表现出同样的特性：尽管模子是一样的，但塑造出来的东西却是相反的。狼和狗的天性差异是如此巨大，它们不仅不能共处，而且本能地相互敌视。幼犬第一次见到狼，就会直哆嗦，一闻到狼的气味——尽管这种气味对于它来说是完全陌生的——就吓得发抖，赶紧躲到主人的胯下。一条大猎犬会熟悉狼的力量，见到狼就皮毛倒竖，怒不可遏，大胆地攻击狼，力图将狼赶跑，竭力驱逐这样一个让它极度厌恶的东西。狗和狼若猝然相遇，不是相互逃避，就是彼此相搏，直到分出你死我活为止。狼若是更为强大，就会将对手撕成碎片，然后狼吞虎咽一番。相反，狗若是获胜，就显得更为宽容一些，满足于成为胜方，并不认为"死了的敌人的肉闻起来就香"。它经常把战败者的尸体留给乌鸦，甚至是别的狼来饕餮一番。因为狼之间是会自相残杀的，一头狼如果重伤，别的狼会沿着血迹追踪到它，群起而攻之，结果它的性命。

即使一条野狗，生性也不那么野，很容易驯服，依赖并忠实于主人。狼崽若被抓住，也可以驯养，但是它绝不亲近人，因为本性总要压过驯化，一旦长大，狼就恢复凶残的本性，一

有可能，它就会回到野生状态。即便是最野性的狗，也会试图同其他动物结伴，狗天生就愿意跟随和陪伴其他动物。狗擅长带领和看守羊群，也完全是出于本性，而不是训练出来的。相反，狼却是一切群居社会的天敌，甚至不会和自己的同类结伴：如果见到几只狼聚在一起，那绝不是和平的交往，而是战争的盟会；它们发出恐怖的嗥叫，惊心动魄，这也就意味着，它们打算协力捕杀一头大型猎物，如鹿和牛，或者要除掉一条可怕的牧犬。军事行动一结束，它们便分道扬镳，不声不响地回到各自的孤独状态……

狼有很强人的力量，特别是在躯干的前部，在脖颈和颚部的肌腱上。狼能用嘴叼着一只绵羊，不让猎物着地，同时健步如飞，这让牧人望尘莫及，只有牧犬追得上它，逼它丢下猎物。狼撕咬起来十分凶残，而且总是在对手反抗越弱的时候，撕咬得越凶猛；如遇到有自卫能力的动物，它就十分谨慎了。对于这种动物，狼是有所忌惮的，不到万不得已时不会轻易招惹，也绝不会有勇敢之举。如果有人朝它开枪，打断了它的一条腿，它就会发出哀嚎；但是，当有人用棍子来最后结果它的性命时，它却不像狗那样哀号了：狼比狗要坚忍，健壮，而且没有狗那么敏感。它夜以继日地行走，奔跑，到处游荡，从不知道疲倦，在所有动物中，狼也许是最不容易跑得精疲力竭的。狗是温和而勇敢的，而狼虽然凶狠，却非常胆怯；它一旦落入陷阱，就吓得魂不附体，长时间惊慌失措，任人宰杀也不自卫，任人活捉也不反抗；人们还可以给它套上项圈，系上锁链，戴上笼头，任意牵到各处展示，而它不会表现出一丝不满或不快。

狼的感官——眼睛、耳朵，尤其是鼻子，都很敏锐。它往往先能闻到气味，尽管它看不了那么远。血腥味在一法里开外就能把狼吸引过去；它从远处也能嗅到活的动物，根据猎物一路留下的痕迹，能够长时间追踪它们。狼要走出树林时，绝不会忘记先辨认风向，停在树林边上，朝四周嗅嗅，就能闻到风从远处吹来的活物或尸体的气味。狼爱吃鲜肉，不爱吃腐肉；不过，有时它也吞噬垃圾堆里最臭的腐肉。狼爱吃人肉，它要是比人更强壮一点的话，也许除了人肉什么也不吃了。有人见过狼群尾随行进的军队，成群结队地抵达战场，在这里，尸体总是被胡乱埋葬的，它们便有机会把尸体挖出来，饕餮一番，吃多少也不餍足。这种吃惯人肉的狼，再见到人就扑上去，往往无视牲畜而攻击牧人，吞噬妇女，叼走孩子。人们把这种恶狼叫做"狼妖"①，必须小心提防。

---

① Loups garoux，民间传说中一种白天人形，晚上化为狼的鬼怪。——译者注

125. LE LOUP.

灰狼

在狼这种动物身上，除了毛皮，一无是处。人们将狼皮制成粗毛大衣，既保暖又经久耐穿。狼的肉质极差，为所有动物所厌，唯独狼才肯吃狼肉。狼嘴里呼出的气味恶臭难闻，因为，为了果腹，狼是饥不择食的，腐肉、骨头、兽毛，鞣到一半的皮革，哪怕沾满石灰，无不可以入口。它也常常呕吐，肠胃清空的时候多过填满的时候。总之，狼身上的一切都是令人憎恶的——卑劣的相貌、粗野的外形、骇人的嚎叫、令人无法忍受的恶臭、邪恶的天性和凶猛的习性，它确实是一种可恨的，生而有害、死且无益的野兽。

贾丁像

贾丁和史密斯笔下的狼

作　者　Sir William Jardine　　Charles Hamilton Smith
　　　　威廉·贾丁爵士（编者）　查理·汉密尔顿·史密斯（著、绘）

书　名　The Naturalist's Library: Mammalia. Dogs. Vol I.
　　　　《博物学家的图书馆：哺乳动物·犬科（第1分册）》

版　本　London: Henry G. Bohn, York St., Covent Garden.

威廉·贾丁爵士（Sir William Jardine，1800—1874），苏格兰博物学家，以博物志名著《博物学家的图书馆》而知名。他出生于苏格兰的爱丁堡，早年研究文学、医学，也关注博物志和地理学。他参与创立了贝里克郡博物学家俱乐部和主要出版博物学著作的莱伊学会，据说其"狂热爱好野外运动，精通手枪和步枪射击"。由于其主要兴趣是鸟类学，贾丁出版的第一部著作便是《鸟类图鉴》。这部著作使他获得了动物学家的广泛认可。随后，贾丁编辑和出版了广受欢迎的40卷本《博物学家的图书馆》（1833—1843），为在维多利亚时代的家家户户中普及博物志知识作出了重要的贡献。该

书分为四大部分，包括14卷的鸟类学、13卷的哺乳动物学、7卷的昆虫学和6卷的鱼类学，每部分都由当时顶尖的博物学家执笔。贾丁本人也亲自撰写了关于猴类、猫类、犀象类、反刍动物、蜂鸟、太阳鸟等动物的卷次。该书还配有大量插图，其中那些珍贵的手绘版画迄今仍是收藏家、艺术爱好者和博物志爱好者不倦搜求的对象。英国著名幽默漫画家爱德华·利尔（Edward Lear，1812—1888）也参与了插图的绘制。贾丁还编辑出版了英国博物学大师吉尔伯特·怀特（Gilbert White）的名著《塞耳彭博物志》（此书曾影响了达尔文，据称是英语世界"印刷频率第四"的图书），以及《鸟类学》（1825—1843）和亚历山大·威尔逊（Alexander Wilson）的名著《美洲鸟类》

贾丁编著的《博物学家的图书馆》第18卷《哺乳动物·犬科》第1分册书影

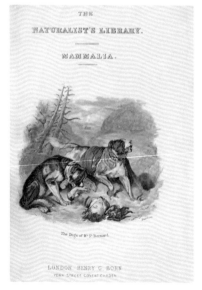

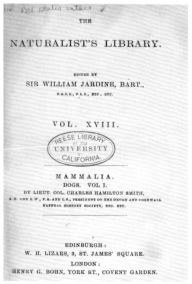

FOREIGN CORPS IN THE BRITISH SERVICE.

的普及版。

下文选自贾丁编著的《博物学家的图书馆》第18卷《哺乳动物·犬科》第1分册，分册作者是查理·汉密尔顿·史密斯（Charles Hamilton Smith，1776—1859）中校。史密斯是英国艺术家、博物学家、插画家和职业军人，出生于比利时的东弗兰德斯省。其军事生涯给他带来了丰富的游历经历，他到过西印度、加拿大和美国。史密斯通过自学成为插画家，代表作包括《大英帝国的军装》（书中精确再现了当时英国军队的服饰）。他还是颇有造诣的古物学家，出版了《不列颠群岛原住民的服饰》《英格兰的古代服饰》等书。史密斯的大量作品（据估计有38000幅画）都是非军事题材的，大都默默无闻，但他的博物学笔记和古物学笔记保存了下来。

查理·汉密尔顿·史密斯的早期代表作品《大英帝国的军装》

1. 对狼的总体印象

狼这种生物的整个外表都给人一种警惕而狠毒、胆怯而残忍的感觉，这就是狼和其他相似物种之间的本质区别，即便后者和狼在体型和毛色上十分相近。也许在诡计多端上比不过狐狸，但是狼还是具有相当高的智慧的。它的嗅觉和听觉都十分灵敏，并且生性谨慎多疑。欧洲狼通常在森林中栖息，而北极地区和俄国一鞑靼草原上的狼则有着不同的习性，这很可能是自然环境造成的，绝非偶然。

据说狼的巢穴通常都不是它自己的，而是属于别的动物，例如熊、獾、狼獾或者狐。狼只是占据这个地方作为自己的巢穴。如果狼掘地为穴，则通常是群居于其中，这样，即便是熊也不能把它们赶走。在法国和南德，它们栖息在倒下的树木中间，或者是在老的大树根部的空隙中，在山洞或者岩穴中，甚至是凸出的河岸上，但总是隐蔽而有着茂密的遮挡。我们曾经在一棵空心的大树里面发现了狼的巢穴，它的出口则位于两段暴露的树根之间。

在人烟稠密的地区，狼总是遭到捕猎，因此，它们从来也不从隐身处跑出来在上风地区活动。它们快步溜过开阔地的边缘，直到开阔地吹来的风朝着它们吹来，这样，它们便能确定

　　自己不会在该地留下任何可能的气味。当它们前进时，总是不停地闻着前方飘来的气味，并且总是利用灌木丛或者树丛来隐蔽身形，一下子蹿出好几英里远。如果是好几只狼一起行动，它们通常会排成纵列，紧跟着前面的同伴的步伐，在松软的地面上，看起来就像是只有一只狼走过去一样。遇到小径，它们会一跃而过，不留下任何足迹，或者沿着小径前进直到走到野地。狼通常是昼伏夜起。单独一头狼甚至敢于闯入外屋或农家院落，它们先会停下来，仔细倾听，闻一闻空气中的气味，在地上嗅一嗅，然后高高跳过门槛。当狼后退时，它会低下头，将一只耳朵斜向前方，另一只斜向后方，目光炯炯。它匍匐着小步后撤，而它的尾巴会扫掉后面留下的足迹，直到距离事发

地很长一段距离之后才觉得安全。如果觉得自在一些了，狼会一直跑到隐蔽处，当进入隐蔽处时，它会第一时间扬起自己的尾巴，然后带着胜利者的得意上下摆动。

……在冬季食物短缺的时候，狼也会饿得发慌。如果捕猎不到什么食物，它们只好啃树皮，甚至是吃泥土。这个时候也是它们最具危险性的时候。1838年1月，一家法国报纸报道了一起狼袭击人的事件，多人受伤甚至残废，而袭击者直到最后才被斧头劈死。在这个季节，10到25头狼通常会组成一个群体，堂而皇之地闯入村庄的街道，袭击门外的狗。如果狼群中有一头狼重伤不起，它的同伴便会一拥而上将它分食。在印度，大约25年前，一次可怕的饥荒曾经造成了巨大的破坏，那个时候狼的数量很多，而且也没有人去捕杀它们。于是，它们变得如此肆无忌惮，敢于白昼出没于乡镇，并且贪图人肉。人们这才发现，有必要用陷阱和机关来捕杀它们。因此当时在印度涌现出了不少新式发明，一些还保存至今。结果，狼群死

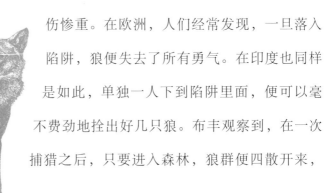

伤惨重。在欧洲，人们经常发现，一旦落入陷阱，狼便失去了所有勇气。在印度也同样是如此，单独一人下到陷阱里面，便可以毫不费劲地拴出好几只狼。布丰观察到，在一次捕猎之后，只要进入森林，狼群便四散开来，

但是在野地里，狼掘穴而生，情况就不是这样了。威廉姆森（Williamson）上尉在他的《东部狩猎记》中提到了用烟把狼熏出巢穴的方法。他还说，有一次，他们就是这样在巢穴中找到了一些本地儿童身上的装饰品，这些东西后来也被他们的父母辨认出来。

在印度北部的兵营里常常可以看到大量的胡狼、野狗甚至老虎，狼也常出没于欧洲定居者们的房屋之间，甚至偶尔会在那里筑穴。一位亲戚告诉我，有一天夜里，他家里的一个仆人在阳台上睡觉，头微微冲着栅栏。一头狼从竹栅栏中伸出嘴来，咬住了这个年轻人的头部，打算把它的猎物拖出来。仆人的尖叫惊醒了整个社区，狼不得不松开嘴。尽管遭到了各方的痛击，它还是成功逃脱了。被袭击者的头皮差点被它撕掉，伤得很重，但最后还是活了下来。据说如果是袭击家畜或马群，狼会一口咬住猎物的咽喉或者鼻子，直到把猎物扑倒。一个法国农民却告诉我们，他的一匹马在前一天夜里被狼咬死了，却是被咬住尾巴，一直拖拽，直到马侧翻倒地。我们在检查现场的时候，发现马躯干的前部没有任何伤痕，后腿股被咬过，但狼只是吃掉了臀部最坚实的那块肉。一头美国狼杀死一头奶牛的时候，采用的也是同样的袭击方法，我们也同样检查过这起事件的现场。狼袭击绵羊和羊羔的时候，则是转着圈撕咬，试

图把它们的重量转移到肩膀上。威廉姆森上尉描述过他亲眼看见的一起事件，当时他正骑着马，试图施以援手，但是狼扔下它的猎物，试图袭击上尉的马。因为上尉没有带枪，只好眼巴巴地望着狼叼着猎物扬长而去。

顿河哥萨克告诉我们，如果放在草原上散养，他们的马还能够抵御狼群的进攻。这时，母马会围成一个圈保护马群，而公马则留在外面狠狠地踢踹袭击者。它们通常能够击退狼群的突袭，甚至杀死一只或者更多来犯者。单独一匹马遇到狼时，会用前蹄作为武器与狼搏斗。

在北半球，狼这种动物几乎无处不在，其原因更多地可以追溯到它喜好追随人群移动这一习性。被屠杀的血腥味，被军队作战沿线丢弃的大量死马尸体引诱着，狼也尾随着军队移动，以腐肉为食。在印度，狼有时甚至混入军营的随从人员当中，趁人不备便叼走小孩。有时候，它们还袭击哨兵，尤其是在冬天。上一次法国军队在维也纳附近的大规模战役期间，《通报》就报道说，有几个外围哨所就是这样被袭击了，哨兵也被拖走了，只留下了一头狼的尸体和一些碎布告诉人们，他们遇到了怎样的敌人。当拿破仑的大军从俄国撤退时，西伯利亚的狼尾随着俄军，沿着撤退路线穿过了波兰和德国，一直到达莱茵河岸边。在该地被猎杀的一些狼的标本，显然不同于当地的品种。这些标本迄今还保存在新维德、法兰克福和卡索的博物馆里。

……狼这种动物的凶猛往往带有一种奸诈的品性。一个纽约的屠夫告诉我们，自己曾经养大过一只狼，自认为已经把它驯服了。他给这头狼套上锁链，在屠场里面关了两年，那里面经常是血流满地，残渣四溅。一天夜里，为了找一些工具，他在黑暗中摸进了屋子，没怎么想里面还关着一头狼。屠夫当时套着一件厚粗绒外衣，摸索着找到了他要的工具，突然，他听到链子咔咔作响，转眼间就被一头生物从背后扑到了地上。所幸的是，一头牧羊犬跟着主人进来了，冲上去保护主人。那头狼已经咬着了屠夫的衣领，不得不转身对付牧羊犬的进攻。只有在这个时候，屠夫才有机会抽出一把尖刀，狠狠地将狼劈成了两段。

……直到第二年年末，狼才真正成年。在欧洲和北美，它们的发情季节是在深秋。雌狼可以一胎产下3到7只幼崽。狼崽是在洞里面被养大的，或是在极为隐蔽和难以接近的灌木丛中。在这种地方，雌狼会为幼崽搜集一些苔藓当床，舒适而保暖。人们常常认为，当幼崽的眼睛还没有睁开时，雄狼就会有要吃掉它们的冲动。一个众所周知的事实是，只要狼崽被动过，又或某些原因让雌狼注意到或怀疑到狼崽的安全受到威

胁，雌狼便会试图吃掉雄狼，这真是一种异常冷酷的行为。在幼狼睁开眼睛之后，雄狼便不再是雌狼防备的对象了，它会加入哺育狼崽的过程中来，为它们抓来山鹑、松鸡、耗子和鼹鼠当食物。随着狼崽逐渐长大，雌狼也会变得愈加警觉而大胆。渐渐地，雌狼会带着狼崽们一天两到三次前往最近的偏僻水源处饮水。当狼崽们稍大一些后，它们便跟着父母一起进行捕猎。

正是在这个时候，狼的一家子会经常一起在栖息地的周围游荡。狼崽逐渐变得更加强壮，在秋天结束之前，雄狼便会离开家单独行动，雌狼则仍然和幼崽们待在一起，通常会陪伴它们直到下一个冬春之交。狼似乎不是每个秋季都进行交配的，至少在欧洲就不是如此。

2. 灰　狼

西欧灰狼从足到肩高约27英寸[1]到29英寸。头部、颈部和背部的毛色大抵是灰褐色的。绒毛的根部多数为白色，夹杂着黑色、褐色和白色，尖部为黑色。耳朵、颈部、肩部和臀部以下的绒毛要长得多，形成一种鬃毛，可能起到保护咽喉的作用。

[1] 1英寸等于2.54厘米。——编者注

COMMON WOLF.
Native of W. Europe.

这些毛都十分粗硬，鼻子和耳朵周围尤其如此。鼻口部是黑色的，面颊的两侧和眼睛上方的部分呈现一点赭色，随着年龄的增大而变成灰白色。上唇和颏是白色的，四肢是赭色或者是暗褐色。成年狼在腕部都有一道斜向的黑纹。法国灰狼的毛色通常要更加偏褐色一些，体型也比德国的灰狼小。在中欧有时可以发现白狼，但是它们不过是白化种。俄国灰狼体型更大，而且看起来更加强壮和骇人，它们的面颊、咽喉和颈部周围有大量长而粗的毛发。颜色方面，俄国狼的头部、面部、颈部和背部是浅灰色的，混合着沙色和灰色。在鼻子、嘴唇和四肢上，

沙色的绒毛占多数。俄国狼的眼睛很小，看起来格外地粗野和险恶。瑞典和挪威的灰狼在外形上和俄国种相似，但是体重要重一些，肩部要往后深入一些。越往北走，它们的毛色越白，白色常常混杂着各种深浅不一的沙色和黑色。但是在冬季，它们是通体全白的。阿尔卑斯山区的狼是浅褐灰色的，体型小于法国种。意大利以及向东直到土耳其地区的灰狼，是灰褐色的，毛色夹杂着一些黑色，就像古代的诗人维吉尔描写过的那样。小亚细亚地区的灰狼的毛色也差不多一样，只是灰褐色偏红，而且更加明显。在印度，据说有两种狼，一种比灰狗大不了多少，当地人把它叫作"beriah"，毛色类似狐狸，但是偏褐色，头和耳朵像豺狗一样长，体型纤细而多骨。尾巴长，但是毛发稀疏。另外一种则更小一些，属于我们分类中的郊狼。所有这些生物似乎基本都是栖息在森林地区。

3. 黑　狼[①]

　　这一亚种在体型上和灰狼相差无几，四肢和肩膀甚至更加强壮。它们虽然也主要栖息在森林中，但在岩山和高地也能够看到，这是很独特的。尽管我们怀疑前面提到过的白色种其实

① 此处实为狼的北美东部亚种。黑狼并不是一个有效的亚种，而是狼的一种常见色型。——编者注

并不属于这一亚种。这一亚种显然和灰狼不同，虽然它们栖息于大致相同的纬度，但是它们之间并不交配。有不少迹象显示，黑狼更加容易被驯服，它们也更加容易和家犬杂交，产生出一种更加多产的中间种群。这样产生出来的杂交种中，最有名的就是所谓的比利牛斯狼，西班牙人称为"lobo"，这种狼通体黑色，有些个体在胸部长着一些白色绒毛。它们都极为凶恶而胆怯。巴黎的王家动物园就饲养着一对比利牛斯狼，它们生育出来的幼崽和它们的父母一样，也是野性难驯，但是，它们的外表和毛发颜色都不太一样。居维叶先生在他描述这一亚种的笔记中，似乎怀疑它们并不是杂交种，但是同一本笔记早先时候写下的部分中，他又指出狼和狗的杂交种会逐渐灭绝。黑狼在南欧最为常见，也是西班牙数量最多的一种狼。在西班牙的一些高地上还生存着一种暗褐色的狼，比起黑狼来，它们更加强壮，体重也更重一些。我们读到过一位英国绅士的书信，作者在西班牙半岛名望颇著，他描述了马德里附近山区的一次猎狼活动：一群农民争先恐后地把猎物赶到山区，在那里，装备着步枪的猎手

们早已埋伏好。一头狼朝这位英国绅士扑过来，这头狼体型是如此巨大，以至于在狼穿过灌木丛时，他最初将它看成了一头驴子。他扣响了步枪的扳机，虽然枪声不大，却足以让这头狼心生警惕，它马上转身跑开了。在狩猎结束时，人们一共捕杀了7头狼，这些猎物是如此沉重，即便我们的作者正值年富力强，却连一头狼的尸体都抬不起来。我们展示的标本来自塔古斯河岸边，它几乎和体型最大的獒犬一样大，毛色呈深褐色，耳朵较大，鼻口部要比灰狼更粗一些，但是，它还是更像一头大型的毛发蓬松的狼狗……

4. 大平原狼

大平原狼主要出没于加拿大北部，是与俄国栖息在山区中的黑狼对应的种类，和犬类也更加接近。大平原狼的毛色呈灰黑色，间或夹杂着一些褐色。因此，亚欧大陆和美洲大陆的这两种狼如今也许可以看作一种狼，它形成了三个古老而悠久的种群……

5. 墨西哥狼

尽管赫尔南德斯和费尔南德斯描述过这种狼，但我们对它了解得并不十分透彻。在体型上，这种狼与灰狼差不多，但是头部要宽阔一些，耳朵长而尖。颈部很粗，尾巴上的毛不多，也不像灰狼那么长，触须很粗，都能和豪猪的刺相比了，还有白色和黑色的环纹围绕。毛色是灰色的，点缀着黄褐色的绒毛。头部的灰色中醒目地横贯过几道黑色的条纹，在前额上还有褐色的斑点。颈部是灰色的，带有一道褐色的条纹，胸前有一块相似颜色的斑点，在面颊上有另一个。黑色的条纹和褐色的斑点都不规则地延伸到躯干两侧。尾巴也是灰色的，在中段有一道褐色的纹路。四肢的绒毛是灰色夹杂着黑色的环纹，从躯干一直到脚部，这是这种狼与其他种类的狼区别最大的一点。我们从来不曾在博物馆中发现过它的标本，只是在库拉索（Curacoa）见过一张狼皮，是从洪都拉斯运来的，在当地，这种狼还鲜为人知。但是，很可能这种生物在皮毛特征方面变化极其多样，我们这里展示的是拍摄于弗尼吉亚的一张照片，照片中的这头个体如果不是赫尔南德斯所描述的同一种狼，那也极为接近了。它的体型和其他大型的狼区别不大，总体的毛色是偏赭色的灰色，在咽喉和面部渐渐减弱到米色和灰白色。

触须粗硬，朝后生长，一直伸展到眼睛前面。前额是浅褐色，
夹杂着一直延伸到脑后的黑色斑纹。耳朵较长，耳朵外侧、尾
巴中段和脚掌一直到关节部位，都是红褐色的，只是在腕骨上
有一道黑色的纹路。尾巴的根部和尖端，臀部的一块，肩部的
一块和从背部到肩部分布的不规则的斑纹，都是黝黑的，条纹
之间的躯干侧面是浅灰色，越往下颜色越浅。这一标本被塞入
了填充物，现收藏于费城博物馆。

墨西哥狼

MEXICAN WOLF.

6. 北美郊狼

　　这种狼部分分布在美洲大陆西部的高纬度地区，理查德逊
（Richardson）博士在描述美洲狼类时说的主要就是这种狼。
这位目光敏锐、耐心十足的观察家告诉我们，它们主要生活在
萨斯喀彻温省和密苏里州的河流之间凸起的沙原上。它们像狐
狸一样打洞，一听到枪声，它们就从巢穴中出来，在猎人周围
打转，显然是希冀分享一下猎物。它们极为迅足，往往成群结
队活动和捕猎，叫声和狗十分相似。根据我们看到的标本，这
种郊狼的头部、鼻口部和鼻子的形状，还有眼睛的位置，都很
像北方地区的牧羊犬。正如理查德逊所言，北美郊狼的毛色完
全是灰白色的，但在胸前也有一点白色，甚至是在尾巴末端
也有。尾巴上的绒毛通常比灰狼要浓密。尽管这些区别性特
征不是很显著，总的看来，我们可以将这种生物从 "*lupus*"
（灰狼种）中分出来。它们选择开阔的荒原栖息，成群掘穴而
居，对人类的靠近不感到惊恐，大规模地集体捕猎，像狗一样
吠叫，以及它们的白色绒毛和总体外表，都可以支持这个结
论。但是，据说郊狼也在加利福尼亚被发现过。即便是出自同
一家庭，它们的毛色也是变化多端，这一点它们比起严格意
义上的狼种来并不逊色太多。只是我们怀疑，这一说法应该

NORTH AMERICAN PRAIRIE WOLF.

北美郊狼

适用于"*Lyciscus cagottis*（墨西哥郊狼）"[1]种。……麦肯西（Mackenzie）提到，在北纬65度到70度之间生活着一种小型狼类，捕食海狸为生。这种狼可能属于侧纹胡狼或者是墨西哥郊狼。

7．墨西哥郊狼

墨西哥的西班牙裔称为"coygotte"，印第安土著称为"coyotl"的这种动物，也是一种郊狼，虽然探险家们很少注

---

① 该学名错误，为同物异名，今天已弃用。——编者注

意到它。威廉·布洛克（W. Bullock）先生在墨西哥境内的里欧弗里欧（Rio Frio）见过这种动物。赶骡人告诉他，这是一种叫做"coygotte"的狼，非常凶恶。布洛克看到的这头个体，体型和猎犬差不多，毛色呈灰褐色，四肢则呈浅黄色，绒毛比较稀疏。这一描述和我们在南美大陆北海岸见到的那种动物十分相似，但我们见到的个体，尾巴是深褐色的，尖端呈白色，躯干下部和足部是蛋白色。印度安人称之为"aguarra"，这个词也被用来称呼多种狼类。

这种郊狼从脚掌到肩部高约24英寸，看起来和灰狼差不多，但鼻口部和耳朵较短。和身高相比，躯干则显得修长一些，也结实一些。鼻子、面颊和躯干，一直到腕骨和跗骨，都是浅黄色的，前额、颈部是亮灰色。躯干上的绒毛非常粗硬，其他的特征我们前面已经说过了。居维叶男爵在《动物王国》中描述了一种他称作"墨西哥狼"的动物，其实正是这一亚种。我们也非常肯定贝尔切（Belcher）船长在加利福尼亚（大约北纬37度43分、西经122度的地方）的萨克拉门托河岸看到的所谓"cuyota"，也是同一种动物，虽然从人们给它取的复杂名字——"豺狐"来看，应该是一种体型更小的生物。

灰色郊狼也生存在欧洲大陆上，它似乎和美洲大陆的侧纹

胡狼和郊狼是同一亚种。亚欧大陆的郊狼没有它在新大陆的同类那么广为人知。但我们认为，这一亚种也包括了史密斯命名为"jungle koola"（意为野狗），或者说虎纹豺这种生物。因为，很早之前就在人们当中流传着一种说法，据说有一种印度"虎狗"，是家犬和野生老虎交配生育出来的杂交种，因此，它生性极为狂野，无法驯服，只有在繁衍了两代之后才能接受人类的饲养和训练，充当家犬的角色。我们所说的这种胡狼很可能正是这一传说的来源。威廉姆逊船长把这种胡狼和他称作"beriah"的动物搞混了，但他也提到，这种狼比"beriah"要

墨西哥郊狼

CAYGOTTE of MEXICO.

矮一些，背部宽阔一些，毛色也要浅一些，并且夹杂着暗色的斜纹（绒毛尖端是黑色的），四肢和面部是浅黄色的。人们在孟买地区的文科瓦（Vincovah）附近的海岸岩石中间射杀了一头胡狼，后来被制成了标本。它的毛色大抵是灰褐色的，夹杂着黑色的斑纹，头颅偏尖锐，躯干下部呈蛋白色，尾巴的绒毛不很浓密，尾巴下部呈白色。它躯干部分的斑纹非常明显，当时在场的一些年轻的军官还以为它是一头幼虎。但是其他人立刻把它叫做"jungle koola"。被捕杀时，这头狼正在寻觅被冲上海岸的动物内脏和腐肉。上述消息来自在东印度公司的顿斯特维尔（Dunsterville）上校，他当时就在现场。

奥杜邦像

奥杜邦笔下的狼

作　者　John James Audubon，1785—1851
约翰·詹姆斯·奥杜邦

书　名　The Quadrupeds of North America - John James Audubon – 1851
《北美四足动物》

版　本　New York: Publshed by V.G.Audubon,1851

约翰·詹姆斯·奥杜邦（John James Audubon，1785—1851），美国著名画家、博物学家。1785年，奥杜邦出生于海地，是一位法国船长和他的法国情妇的私生子。幼年时奥杜邦随继母生活在法国，从小就对大自然和鸟类产生了浓厚兴趣，他喜欢徜徉在无拘无束的田野和森林里。1803年，为了躲避欧洲大陆的战乱，当时18岁的奥杜邦移民美国。在宾夕法尼亚的米尔格鲁夫，奥杜邦把全部时间都投入美国的原野，终日忙于观察和绘制鸟类。在此期间，他的生活完全依靠妻子露西做家庭教师的收入。他对自然的痴迷严重影响了他的家

奥杜邦之家，由一座具有浓厚美国新古典主义风格的建筑和一座热带花园组成，是美国佛罗里达州基维斯特最美的热带园林之一

右页图
《北美四足动物》
英文版扉页

庭生活。34岁那年，奥杜邦被法院宣布破产。1826年，困顿中的奥杜邦携带着他的画稿来到英国伦敦。在伦敦，他联系出版商印制了他的第一幅鸟类绘画《野火鸡》，达尔文晚年回忆道："奥杜邦衣服粗糙简单，黝黑的头发在衣领边披散开来，他整个人就是一个活脱脱的鸟类标本。"此后，他陆续出版了《美洲鸟类》和《北美四足动物》两本画谱。《美洲鸟类》曾被誉为19世纪最伟大和最具影响力的著作，《北美四足动物》则是他最后一部巨著，这部最后的作品大部分由他的儿子完成，书中的文字部分则由他的亲家路德教牧师巴赫曼写就。

THE

QUADRUPEDS

OF

NORTH AMERICA

BY

JOHN JAMES AUDUBON, F R. S., &c. &c.

AND

THE REV. JOHN BACHMAN, D. D., &c. &c.

VOL. I.

NEW-YORK:
PUBLISHED BY V. G. AUDUBON.
1 8 5 1.

1848年，巨著《北美四足动物》绘制完成。凭借《美洲鸟类》和《北美四足动物》，奥杜邦奠定了不朽英名。1851年，奥杜邦在美国逝世，享年65岁。

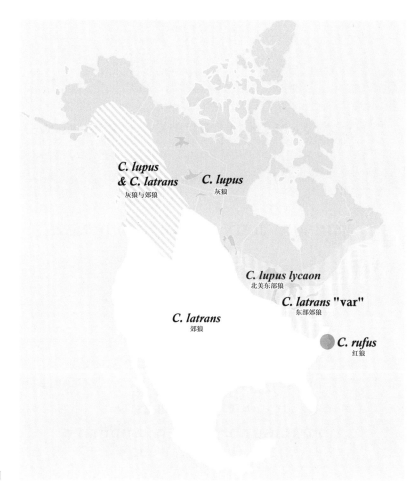

美洲狼群分布简图

1. 美洲黑狼

　　我们认为这种狼仅是美洲灰狼的一种变体，这里只需要知道，我们考察过的所有狼，如萨伊（Say）的大平原狼（*Canis lupus nubilus*），白狼，得克萨斯红狼和黑狼，形貌大体相同，虽然白狼在体型上是最大的。

毛色

　　面部、两腿、尾巴尖端、下颌下方都是黑色的。躯干横向不规则地夹杂有黑褐色和灰色的毛发。颈部两侧是灰褐色，肩部往后、腹部以下和前额也是灰褐色的。有一些标本毛色较深，我们见过好几具通体外表全黑的灰狼。

体型

　　头部和躯干长度：3英尺①2英寸

　　尾椎长度：11英寸

　　尾椎加毛发长度：1英尺1英寸

　　耳朵高度：3英寸

习性

　　在溯密苏里河而上的旅行期间，我们之中没有一个人在尤宁堡（Fort Union）附近的大草原或者我们经过的黄石河

----

① 1英尺约为0.3米。——编者注

沿岸，见到过一头黑狼。萨伊先生提到这种狼在密苏里河沿岸最为常见，但不幸的是，他不曾准确地说出究竟是在哪一带。

黑狼在肯塔基州的赫德逊河附近数量很多，当我们来到此处时，我们频繁地在林中散步的时候见到它们。

一天清晨，我们在一个野火鸡的栅栏里面发现了一头黑狼。当我们走进栅栏的时候，它盯着我们，但是并没有转身逃走，而是伏下身体，就像一只不愿意被人看到的家犬。我们走到栅栏附近5码①远的地方，然后从栅栏间隙开枪射死了它。这头狼杀死了好几只肥壮的火鸡，当时正在狼吞虎咽地吃着其中一只，显然是因为这个原因，当我们靠近的时候它没有逃走。

居住在这个国家未开垦地区的人对这种狼十分憎恶，因为它们强壮、机敏而且狡猾（在后一种品质上它们并不弱于它们的亲属——狐狸），这使得它们成为居民散养在林地中间的猪、羊和牛犊最具毁灭性的敌人。因此，在我们国家，这种狼受到的敌视并不比世界其他地方少。由于黑狼较狐狸更加机敏和警觉，它们很少会在旷野上遭受猎狗的追逐，当然，受伤的情况下除外。尽管这种狼大胆而野蛮，在我们这个温带地区却几乎找不到它攻击人类的例子，我们只注意到了一起这样的

---

① 1码约为0.9米。——编者注

美洲黑狼

事件。

大约30年前，有两个黑人小伙居住在肯塔基州南部俄亥俄河岸边，他们的女友住在4英里外的另一个种植园里。他们结束了一天的劳作后，常常去和心爱的人幽会，而最近的一条路须径直穿过一片树丛。由于春宵一刻值千金，他们经常抄这条小路来节省时间。到了冬季，天寒地冻，日落之后，那片树丛几乎伸手不见五指，小伙子们不得不心急火燎地在黑暗中孤独地赶路。一天夜里，地面上积下了薄薄的一层雪，这两个还算是小心的情人肩扛斧子，在狭窄的小路上全力急行。林木间的开阔地上偶尔可以瞥见点点的微光，又或密云疏处偶尔向这片幽僻的地界透下几缕星光。突然，传来一声可怕的长嚎，两人心头一颤，立刻意识到，一群饥肠辘辘甚或是穷途末路的狼就在附近。他们停顿了一下，却继之以阴郁的沉默。四周一片黑暗，能看清的不过是前方几步远的雪地。他们慌忙继续赶路，手握斧子，随时准备搏斗。突然，几头狼扑向走在前面的那一个，它们的獠牙在他的手和脚上留下了可怕的伤痕，接着，一群同它们一样饥饿的恶狼尾随着他们，几头狼扑向了另一位小伙子的胸口，将他拽倒在地。两人都勇敢地和敌人展开了殊死搏斗，但是不一会儿，其中的一人就不再动弹了，另外一人则筋疲力尽，对赶去救援同伴甚至对自己的逃脱都已经不抱希望。他扔下斧子，攀到一棵树的树枝上，很快就在树叶丛中找到了一个藏身之所。就在那里，他熬过了一个心惊肉跳的夜晚。第二天清晨，在血染的雪地上四散着他的同伴的尸骨，不远处躺着三头已经断气的狼，但是狼群已经消踪匿迹了。幸存者从树上滑下来，捡起了斧子，赶回家报告这一恐怖的灾难。

在这一事件之后约两年，当我们在赫德逊和文森斯之间旅行的时候，凑巧留宿在了一户农家（因为在那个时候，旅舍在印第安纳州的大部分地区还十分罕见）。在拴好马匹和略事休息之后，我们和主人畅聊起来。他邀请我们一道去看看他在半英里开外设下的捕狼陷阱。机会难得，我们欣然前往。

穿过田地，我们来到附近森林的边缘，在该处，主人每隔几百码就布下了一个陷阱，一共三个。陷阱深8英尺，底部最阔，这样一来，即使是最灵活的动物也无法逃生。每个陷阱的入口都用大小树枝编成一个中间夹着一根木条作轴、可以上下翻动的盖子。在盖子的上方，挂着一块腐败的鹿肉充当诱饵，下方则有一大根木条做支撑。在检查了所有三个陷阱之后，我们启程返回。据主人说，他习惯每天都来检查陷阱，确保一切正常；在这个季节，狼非常狡诈，几乎杀死了他所有的羊，还杀了他的一匹小雄马。他补充说："但我现在就让它们付出足够的代价。如果走运的话，列位今天晚上就有好戏看了。"我

们满怀期待地就寝了。

天还没亮，我们就起来了。主人告诉我们："我想，一切都很顺利，因为我看到那些猎狗都躁动不安地要跑到陷阱那边去，虽然它们只是杂种狗，但是它们对狼的嗅觉是很灵敏的。"他拿起一杆枪、一把斧子和一把大刀，猎狗们开始大声吠叫，兴奋地围着我们打转。来到第一个陷阱前，我们发现诱饵已经被动过了，盖子有所损坏，但是里面没有猎物。检查第二个陷阱时，我们发现里面安静地躺着三头臭名昭著的狼，两头黑色的，一头棕色带着花条纹。它们平躺在地上，耳朵紧贴头部，眼神中恐惧多于愤怒。让我们感到吃惊的是，主人提议下阱去割断它们的腿筋，以便把它们拖上来让狗咬死，据说，这样能够让他的猎狗更善于察觉任何一头敢于接近他的屋子的狼。我们对这一举动感到十分新奇，请求主人让我们在一旁观看。主人喊道："乐意之至！你们就待在这，好好看着。"他顺着一根有很多节的杆子滑下去，带着斧头和刀，把枪留给我们保管。对于这些狼的怯懦习性，我们一点也不感到惊讶。他拖住它们的后腿，一下子就割断了主腿筋，整个过程十分从容，就像是给羊羔打烙印一样。当他把狼的腿筋都割断之后，他从陷阱里出来，并返回屋子，取来忘在那里的绳索。

他很快就回来了，当我把陷阱盖子固定成垂直状态的时候，他给绳索一端系了一个活结，然后扔到其中一头狼的头上。这样，我们把这头被吓坏了的动物拖了上来，它吓得一动不动，大气都不敢出，而且后腿还断了。我们的农场主把它脖子上的绳索解下来，然后留给狗去处置。那些狗凶猛地扑上来，咬死了它。第二头狼的遭际也是如此，但是第三头狼，也可能是最老的一头，在狗冲上来的时候倒是表现出来一些野性。它拖曳着前腿，始终在朝着狗疯咬，一些狗被严重咬伤了。这头绝望的动物最后的反击是如此地出色，以至于我们的主人害怕它杀死自己的狗，不得不冲上去抡起斧子砸开了它的脑袋。这是一头雌狼，它的毛色比其他毛色较深的同类还要黑。

另一次，我们徒步沿着肯塔基州的南部边界旅行，突然看到一头黑狼跟着一个背着步枪的男子。我们和他聊起这头狼时，他肯定地告诉我们，这头狼是他驯服的，而且和狗一样温顺，并且，他从来没有看到过一头狗在捕猎野鹿方面比它表现得更出色。他所说的，加上这头狼神气的外表，都让我们颇为惊讶，于是我们打算花一百美元买下这头狼。可惜，它的主人说什么也不肯卖。

我们的图版是根据一具保存完好的标本绘制的，虽然它的毛色没有我们见过的那头那么黑。我们认为，"大平原

狼"和"黑狼"其实是同一种生物。

因为后面会再回顾一下狼的总体特性，这里就不再赘言。我们已经说过，黑狼事实上是一个变体。在描述普通灰狼和极为常见的大草原的白狼的时候，我们会更加详细地介绍它们的生育和其他情况。

地理分布

美洲狼的所有群体通常都具有各种色泽的毛皮，而近乎黑色的变体在美国几乎每个角落都被发现过。这类变体的毛色或多或少地呈黑色，当我们越向南走的时候，毛色就越黑，在佛罗里达，绝大多数狼的毛色是黑色的。我们看到过在北卡罗来纳获得的2到3具毛皮。在卡尔拉斯顿的哲学社会博物馆，有一具几年前在大雁溪（Goose Creek）获得的标本，它的毛色比我们图绘中的那具还要深几层。据称，几年前，生活在南卡克莱顿区的一群17头狼中（在18个月内，猎人就捕杀了其中的16头）约有五分之一是黑色的，其他的毛色各异（从黑色到深灰色、黄白色）。我们还得知，在密苏里州的南部，路易斯安那州和得克萨斯州的北部，也存在这样的颜色差异。

2. 郊　狼

雄性毛发呈灰白色，上面夹杂着程度不等的黑色和暗黄褐色。两侧颜色较背部浅，腿部上方带黑色。尾巴直而浓密，呈纺锤状，夹杂着灰色和黄褐色，尖端呈黑色。

外形

郊狼体型适中，介乎大个的美洲狼和灰狐之间。但它比美洲狼活跃得多，而且有一副看上去像狐狸一般狡猾的面孔。我们曾经在大平原地区、在动物园、在私宅里都见过这种动物，对它敏捷好动的习性，以及许多类似狡猾的狐狸的特征感到非常惊奇。

郊狼的鼻子尖尖的，鼻孔稍微张大而且外露——上层毛皮一直到额头都覆盖着浓密的短毛，眼皮斜斜地位于头部两侧。郊狼的眼睛很小；胡须稀少但是很硬，一直延伸到眼睛周围。4到5根坚硬的毛发从其耳部下方的颈部两侧伸出。头部很宽，耳朵竖立，底部宽大，向上成钝角，覆盖着一层软毛，其中夹杂着一些长毛。郊狼的躯干十分结实，四肢不长不短，但是比灰狼要短。尾巴大而毛发浓密，和躯干一样，覆盖着两种毛，内层软而浓密，外层长而粗糙，长度从3英寸、2英寸到半英寸不等。脚掌底部没有毛发，脚趾甲坚硬，形状类犬。这种动物

北美郊狼 / *Canis latrans*

的总体结构显示出其速度敏捷的特点，但是从它紧凑的体型和较短的四肢来看，我们倾向于认为它善于短跑而非长跑。

毛色

鼻梁、嘴部周围和胡须呈黑色；鼻子的表面，眼睛周围，呈红褐色；上嘴唇及嘴部周围，咽喉部位，呈白色；眼皮，黄白色；前额毛发，根部呈红褐色，然后是一丛黄白色且黑尖的毛，整体看起来呈红褐色；耳朵内侧表面（覆盖着薄薄一层绒毛）呈白色，外侧表面呈黄褐色；前腿，红褐色，有一道黑色条纹从肩部前方不规则地穿过膝盖直到脚掌附近；后腿外层绒毛呈红褐色，内层颜色则较浅。

背部的下层软毛呈暗褐色。较长一些的毛发从根部直到三分之二长的位置，呈黑色，接下来是一层较宽的黄褐色，最后大多是黑色尖端。颈部毛色呈红褐色；咽喉及以下，黄白色，咽喉下方还带有条纹，胸部和腹部呈红色。尾部的软毛呈铅灰色，较长的绒毛和背部一样，只是尾巴尖端的毛大体都是黑色的。这里的描述是根据得克萨斯州圣安东尼奥的一件保存非常完好的标本给出的。但是，在这些动物身上并不存在统一的毛色，尽管它们又不像体型更大的狼那样富于变化。理查德逊描述的这个标本是在萨斯喀彻温省获得的。我们在伦敦动物博物馆检查了这个标本，它的颜色在某些层次上与我们的标本不

北美郊狼

同——它的耳朵要短一些，鼻子不太尖，颅骨更窄一些，但显然属于同一亚种，甚至不能看成是不同的变体。

我们检查和比较的许多标本，在色泽上变化较大，某些标本缺少褐色，甚至几乎是灰色的，而许多标本在胫部和前腿有黑色斑纹，有些则没有。所有对狼的描述中，颜色在分辨亚种方面是一个非常不确定的标准。

体型

从鼻尖至尾巴根部：2英尺10英寸

尾椎长度：11英寸

尾椎加毛发长度：1英尺3英寸

耳朵高度：3英寸

耳朵底部宽度：3英寸

脚踵至最长趾甲尖端：6英寸

鼻尖至眼角：3英尺1/2英寸

颅骨宽度：4英尺

肩部至最长趾甲尖端：1英尺1英寸

前额宽度：2英尺1/8英寸

习性

在密苏里河考察期间，以及在这个国家的黄石河沿岸地区考察期间，我们看到过许多这种小型生物。

这一亚种在阿肯色州和密苏里州的西部十分有名，密苏里河上游和密西西比河的旅人对其习以为常。在萨斯喀彻温省也有。在毛色上它看起来和灰狼相似，但是体型和习性均不同。

郊狼成群狩猎，但是也常常被看到单独在大平原上四处觅食。在尤宁堡（Fort Union）的一次清晨漫步时，我们凑巧惊起了一头郊狼。它敏捷地跑开了，我们朝它开枪，但没有什么作用。当时，我们的枪装的是小子弹。在跑出大约一百码以后，这头狼突然停下来，身体剧烈抖动，我们猜想它应该是被击中了。然而片刻之后，它又跑起来，迅速消失在群山之间，像野兔和羚羊一样敏捷。

这种狼的嚎叫声和家犬十分相似。有一次，和我们一起旅行的团队误以为我们附近出现了一群印第安人，其实只是一群郊狼，在夜里它们的叫声听起来像是印第安人养的狗。当时我

们彻夜保持警惕，枪支都上了膛，以防遭到袭击。

在得克萨斯州，郊狼很可能比其他种类的狼数量更多。它们6到8头一起共同狩猎，善于在夜里捕杀动物特别是野鹿。人们惊奇地看到，为了摆脱郊狼的追逐，野鹿常常突然来个急转弯，而跑在最后的那头郊狼则抄近道绕到前方截击那头可怜的鹿，若是单独一头郊狼就无法捕获它。大平原上的旅行家和猎人们讨厌郊狼，因为它们猎杀野鹿，而野鹿的毛皮是制作鹿皮裤重要的原料。在山林地区，鹿皮裤被认为是最耐用的衣物。郊狼的嚎叫声对于美国人烟繁华的开垦地区的居民来说是富于野性的声音，由于这种叫声常常预示着拂晓的临近，因而也颇受人欢迎。这种嚎叫声将徒步的旅人从睡梦中惊醒，他掀开毯子，将头转向东方，从扎营处的那棵茂密的橡树枝桠之下，他可以看到红色的曙光，常常伴随着清晨潮湿的雾气。这一切都预示着即将到来的白天，在气候温暖的得克萨斯地区，即便是在深冬季节，也将是晴朗而宁静的。如果确定是好天气，经验丰富的猎人便会马上起身，花片刻时间洗漱，生火，煮上一罐咖啡，烤一片鹿肉或者是野火鸡。

郊狼主要以捕食鸟类和大小四足动物为食。饿极了时也会吃野牛之类动物的腐肉或者尸体。如果在幼年时被抓到，郊狼很容易被人类驯服，也是一个不错的伴侣，尽管没有狗那些优良的特性。我们曾经有过一头郊狼，养在西部一位朋友家的仓库里。我们发现它是捕鼠的能手。此外，这头郊狼还很想和当地那些狗搞好关系，尤其是我朋友的那只大型的法国贵宾犬。可惜，我们的贵宾犬不想让这头嗥叫着的野狼和自己一起玩，对它的示好常常报以一通愤怒的撕咬。这样一来，郊狼便没有兴致再和它打交道了。一天，我们发现这头狼不在仓库后面它经常待的地方，当我们正在纳闷它是否发生了什么事的时候，突然听见外面大街上传来一阵喧哗。紧接着，我们发现，这种喧哗是附近所有大大小小的狗一边狂吠一边追逐我们的郊狼。可以说，这头郊狼正被重重围攻。在我们赶来之前，它被逼到了一扇高高的窗户对面。令人惊讶的是，它突然向窗外纵身一跃，甚至连窗台都没有碰着就直接跳进了仓库，真是令人赞叹，它的对手们则完全懵了。

在这次历险之后，郊狼就不敢随便出去了，而且也似乎放弃了扩大自己的社交圈子的尝试。

郊狼在大平原的小土丘上挖洞作巢穴，这主要是为了防涝。这些狼穴有好几个出口，和红狐类似。郊狼通常在3月到4月间生养一窝狼崽，数目5至7只不等，常常还要多于此数。郊狼成群结队的数量要多于体型更大的狼，它们成群捕猎，据理查德逊说，甚至比灰狼还要迅速。一位绅士，也是萨斯喀彻温

省一名有经验的猎人曾经告诉他，大平原上他骑着骏马无法追上的唯一动物，就是叉角羚，其次就是郊狼。

郊狼的毛皮有一定价值。它的毛柔软暖和，也是赫德逊湾公司的出口货物之一，至于销量如何我们就不清楚了。理查德逊说，它们被称为包裹狼皮，处理皮毛的方法不是像处理大型狼的皮毛那样从中间剖开，而是去除纹路，内翻或者包裹，就像兔皮或狐皮那样。

地理分布

根据理查德逊的看法，郊狼分布的北界是北纬约55度。在大平原西部的荒原上它们数量很多，但是在哥伦比亚河树木丛生的岸边则比较稀少。加利福尼亚有郊狼，得克萨斯和新墨西哥州的山区的东侧也有。我们在赤道附近也能发现它们的踪迹，但是不知道为什么它们居然往南到达了巴拿马。密苏里河的东部支流似乎是它们活动的最东端。

总论

在郊狼的命名方面没有多少困难，我们知道，汉密尔顿·史密斯（Hamilton Smith）为它重新命了名，他依据的是从墨西哥获得的一具标本。刘易斯（Lewis）和克拉克（Clarke）对郊狼习性的描述精确而完整，和我们的观察也是一致的。

3.美洲白狼

具有灰狼的体格和外形，通体覆盖着黄白色的毛，鼻部略呈浅灰色。

描述

在体型上，这种狼与其他所有种类的大型北美狼非常相似（郊狼是个例外）。它的体型大而健硕，犬齿很长，其他的牙齿大而坚硬，不过要短一些。它的眼睛较小，耳朵短而呈三角状。脚掌很强壮，趾甲长而锋利。尾巴长而毛发浓密。躯干部分的绒毛有两种：下层软毛较短，柔软而浓密，夹杂着一些较长（5英寸）但是粗糙的毛；头部和四肢的毛短而平滑，这和躯干部分浓密的毛发大相径庭。

颜色

外层的白色长毛之下是一层短的绒毛，呈黄白色，整个表层的躯干都是白的，只是在鼻部带有一些灰色。趾甲是黑色的，牙齿呈白色。

另外一件标本则通体雪白，唯一例外的是尾巴上的毛略带一些黑色尖端。

还有一件标本，在四肢一侧和尾部都是浅灰色，在背部有着深褐色的条纹，条纹之上却又钻出许多白毛，因而看起来像

是褐色和白色相间。这一变体和理查德逊所描述的幼狼（他命名为花色狼）相似。

体型

从鼻尖至尾巴根部：4英尺6英寸

尾椎长度：1英尺2英寸

尾椎加毛发长度：1英尺8英寸

耳朵高度：3英寸

耳朵底部宽度：3½英寸

习性

在尤宁堡周边，在大平原地区以及黄石河沿岸的草原，白狼是最为常见的一种狼的变体。当我们第一次来到尤宁堡的时候，我们发现这里栖息着大量的狼，它们颜色各异，有白色、灰色和褐色带斑纹的。爱德华·哈里斯（Edward Harris）和贝尔（J.G.Bell）从我们定居点的围墙上射杀了不少狼。我们是在6月2日到达该地的，我们曾经设想，在这个季节，狼觅食应该非常容易，但它们似乎还是为饥饿驱使，来到了尤宁堡附近。就在我们到达之后不久，一天，库尔博松（Culbertson）先生告诉我们，如果狼出现在了堡外，他打算骑马去猎捕它们，不论死活都抓一头回来给我们。过了一会，我们就发现了一头狼，库尔博松把鞍具套在马上就出发了，同时，狼也吓坏了，

美洲白狼 / *Canis lupus var albus*

打算溜走。我们觉得库尔博松大概抓不到这头狼了。尽管如此，我们还是决定和其他同伴在围墙内侧的露台上等着他，并不时朝木桩那边引颈张望，希望看看结果。

几分钟之后，我们看到库尔博松骑着他那匹神气十足的马冲出了大门，手里握着枪，只穿着衬衫、皮裤和马靴。他催动了坐骑，跑得就像要夺得锦标的骑师一样迅速。那头狼则一路小跑，时不时回头看看紧跟在后的一人一马，但是很快它就发现，它不能再不要命地满足自己的好奇心了，于是突然全力加速。可惜，它这样做已经为时已晚，库尔博松的骏马的速度很快就开始超过这只可怜的生物，我们只看到这头狼和它的敌人之间的距离愈来愈短。库尔博松先生开了一枪，表示他觉得颇有把握捕获这头猎物。不过，狼眼看着就要逃进山地了，那里路面高低不平，沟壑纵横，最佳时机即将逝去。只听又一声枪响，库尔博松先生冲上前去，他甚至无需下马就灵巧地抓起了被打死的狼，抛掷在鞍头，掉过头往尤宁堡方向跑来。就在他动身的时候，一阵急雨加快了他返回的步伐。随后，他将自己的战利品骄傲地送给了我们。从捕猎开始到他带着猎物返回，这一切用了不到20分钟。这头狼的上下颌张得很紧，所以也就死透了。它的牙齿还划破了库尔博松先生的一根手指，不过我们觉得不很严重。这类捕狼的绝活在这里是如此常见，所以没人认为值得大加赞叹。

……

回到正题，这种狼习惯于夜里的几乎每个时刻都不断地溜到尤宁堡猪圈的食槽边来觅食。有一天夜里，一头狼正在狼吞虎咽的时候（很可能和其他偷偷溜进来的狼一起），被我们的人射杀了。

白狼一般来说喜欢待在大平原地区的高地或者山丘的顶端，从该处，在很远的距离它们就能够轻易察觉任何从平原上经过的物体。

我们附上几段关于狼的描述，它们是我们在1843年的密苏里之行中写下的，后来刊登在我们的杂志上。

这些生物在密苏里河沿岸和邻近的地区非常多，在我们沿着这条大河溯流而上的旅途中，我们起初是听说，在杰弗逊城，即密苏里州的首府，狼让那些拥有绵羊、牛犊和小种马，或者任何这种贪吃的生物赖以为食的牲畜的农民十分头疼。但是令我们吃惊的是，我们在这里没有见到过一头黑狼。

有时候，如果极度饥饿，狼也会以它们用前爪掘出的植物根系为食，它们刨地的样子和家犬没什么区别。当它们捕杀了一头野牛或者其他大型猎物时，会把残余的尸体拖到一个秘密

的场所（如果有的话），然后把地面上的浮土刨开，把猎物埋进去。这种地方很可能是被它们破坏的某个坟包顶上。饥饿的时候它们就会回去把猎物挖出来吃。在大河的沿岸，常常可见死去的野牛，其重量和体积都使得它们无法爬上某段陡峭的河岸，而许多狼也就以这些溺死的野牛为食。

尽管狼善于躲藏，但是，只要一听到枪响，它们就会从四面八方赶来。当骚动结束之后，你只需要藏起来，就会发现这些狼正朝你的方向走来，这时便是射杀它们的大好机会，有时候它们距你还不到30码。据说，尽管狼会追逐野牛之类的猎物到河边，但一旦猎物下了水，它们便不再继续追逐。它们的步态与动作都和普通的犬类别无二致，它们交配的方式，以及一胎生下的幼崽的数量，都和普通犬类一样。但是它们的毛色和体型差异较大，几乎没有两头是一样的。

在溯流而上的几天里，我们看到了大约12到25头狼。有一次，我们看到一头狼显然是打算泅渡过河，它游向我们的船，我们朝它开枪，于是它掉头离开，很快就回到了它最初下水的那边岸上。

有一次，我们看到一头狼打算攀上一座高且陡峭的土岸，但是三次都失败地掉下来。当它最后终于成功地爬到了顶上，立刻就没了踪影。在对岸，另外一头狼像一条家犬一样，躺在一个沙丘上，恐怕任何人都不会怀疑，这就是一条家犬。贝利先生朝它开了一枪，但是射低了，这头狼惊慌失措地跑到了树林边上，在那里它停下来看了我们一阵，然后溜走了。

在炎热的天气里，狼会去河边，它们常常会沿着河岸漫步、纳凉，时不时地舔几口水，和一条家犬的举止没什么区别。在受伤或者受惊的情形下，它们也不大声嚎叫，只是低嗥，并把上下颌咬得很紧。据说，在缺乏食物时，最强壮的那头狼会袭击幼狼或者较弱的狼，将它们杀死并吃掉。当它们在大平原上徘徊时（我们经常见到它们这样），它们移动得很慢，警觉地朝四周张望，不打算放过路边的哪怕一块骨头。这些骨头有时是猎人有意留在那里的。它们咬骨头的时候很凶狠，经常因此而崩掉牙齿。我们见到过不少标本，这些标本的上下颌都有一些牙齿显示出这种特征。

在饱餐一顿肉之后，如果感觉环境安全，狼一般会躺下。据说，偶尔它们大餐一顿之后，会睡得十分香甜，以至于你能够接近它们，敲敲它们的脑袋。

我们很少看到灰狼和郊狼一起活动。7月13日的一个中午，在和贝利先生返回尤宁堡的路上，我们发现了一群狼，数了数，大约有18头。它们刚刚在岸边饱餐一头死去的野牛，现在打算回到山丘上过夜。一些狼大腹便便，看上去十分慵懒。

在尤宁堡，人们肯定地告诉我们，附近的狼不会袭击人或马匹，但是它们会尾随并捕杀骡子或者小马，甚至是在距离市集很近的地方，而且总是挑最肥的下手。狼在该地和山区及其周围留下的足迹，甚至可以说是小道，看上去简直不可思议。我们很惊讶地发现，它们总是能够聪明地选择最短的路线和最有利的地形。

我们看到过一些杂交品种，它们是狼和野狗杂交，也包括本身是杂种的后代。有些看起来像狼，有些则像狗。我们在尤宁堡停留期间，看到很多到当地来的阿西尼博因印第安人在大车里都养着狼或者其杂种。他们的雪橇（或可称为"狗车"）也是由狼或者其杂种来拉的。

美洲狼的自然步态很像纽芬兰的狗，当它们缓步前行时，一次迈动同一侧的两条腿。当发现危险时，狼会开始小步跑，通常会跑向人烟稀少的山地，如果有人追它们，它们会快速向前疾跑，速度几乎能赶上一匹骏马。我们接下来就打算向读者讲述类似的一件轶事。

1843年7月16日，当我们在黄石河岸附近捕猎野牛的时候，所有人都朝着山地和平原张望，那边也非常广阔。这时，我们看到了一头狼，距离我们的营地大约四分之一英里远。欧文·麦肯锡（Owen Mckenzie）先生出发去捕猎这头狼。不过，这头狼跑得很快，直到跑出好几英里远，骑手才赶上并射中了它。它开始四处躲闪，转过山去，一度从我们的视野里消失了。最终这头狼还是被捕获了，一块狼肉被烤成了我们的晚餐。但是，我们也同时抓到了大约18到20条鲶鱼，因此我们的肉类十分充分，倒不太确定狼肉好不好吃，或者是不是吃起来和印第安人的狗差不多，后者我们的确吃过几次。

在大平原上，狼通常是不敢吃猎人射杀的动物的，猎人们对狼这种既贪吃又谨慎的习性十分了解，因此，如果不得不把猎物留在当地，他们就会在上面留下部分衣服，或者是手帕之类，或者在猎物周围洒下一圈火药。这样，生性谨慎的狼就不敢靠近，只好守在边上一连好几个小时。猎人一旦返回，将如此"保护"起来的猎物开肠剖肚，取出他想要的那部分，剩下的留给这些贪婪的生物，它们就会一拥而上，开始享受美食。当我们在尤宁堡停留的时候，一些猎人常常给我们提供帮助，据他们说，有好几种类似的方法被他们用来阻吓狼群靠近他们的猎物。

大平原地区的狼也掘地为穴。在狼穴里，它们生养幼崽。这些狼穴通常都有好几个出口。它们一胎生养6到11只狼崽，但是很少有两只的颜色是相似的。狼可以活许多年，它们的毛色并不会随着年岁的增加而发生什么变化。

地理分布

北至美洲的极地地区，人们都能发现白狼。赫恩（Hearne）、富兰克林（Franklin）和萨比尼·理查德逊（Sabine Richardson），还有其他一些人的日志都对白狼生活于极地的雪中有着大量的描述，比如在加拿大较寒冷的地区，在美洲西海岸属于俄罗斯的土地上，在俄勒冈州，沿着落基山的两侧，西到加利福尼亚，东到堪萨斯州。大约40年前，我们看到过在纽约州伊利县被射杀的一头白狼的标本。在大西洋沿岸，它们从不曾被发现过。尽管我们看到过一些标本呈浅灰色，但是与密苏里地区的狼相比，它们尚不能被称为白狼。

总论

寒冷似乎是产生白种狼的必要条件。阿尔卑斯山区由于纬度较高，也产生了同样的作用。理查德逊告诉我们，在拉普兰，狼大多数是白灰色的，有些干脆就是白色的。在西伯利亚，狼也呈现出同样的毛色。另一方面，由于阿尔卑斯山比较高，也许和落基山有相似之处。在这两个地方，狼都是白色的。在来自大英博物馆和动物学协会博物馆的英国杰出博物学家的帮助下，我们花了不少时间比较大型的美洲、欧洲和亚洲狼。我们发现，来自两个大陆的北部和阿尔卑斯山的标本，在外形和体型方面，彼此之间具有极大的相似性，它们毛色在深浅上的差异，只是存在于两个大陆的不同标本之间。我们最后得出结论，如果博物学家能够找出区别性特征，将这些狼区分为不同的亚种，那么他还需要进行比我们深入得多的研究。

4. 得克萨斯红狼

身体上部的毛色红黑变化不等，下部毛色较浅。尾部尖端是黑色的。

描述

在外形上，得克萨斯红狼和普通的灰狼变种相似。它比美洲西北部的白狼要瘦和轻一些，也有一副像狐狸一样狡猾的面孔。躯干的绒毛并不像白狼那样浓密，而是平顺光滑。它的躯干和四肢较长，鼻子尖锐，耳朵竖立。

颜色

躯干上部是红棕色的，夹杂着不规则的黑斑。短一些的绒毛根部呈浅褐色，向尖端逐渐变为红褐色，其中夹杂着从根部开始全为黑色的较长的绒毛。鼻子、耳朵、颈部和四肢的外侧呈栗褐色，内侧则是一层较浅的绒毛。前腿上有一道褐色的条纹，从肩部一直延伸到脚掌附近。胡须较少，呈黑色，耳朵内侧呈暗白色，趾甲呈黑色，上唇、颏下和咽喉上这一段则是灰白色的。尾

巴的上表面和尖端，以及尾巴中段较宽的一块是黑色的。

体型

从鼻尖至尾巴根部　2英尺11英寸

尾巴　1英尺11英寸

习性

这种狼绝不是得克萨斯地区唯一的种类，在当地，人们时常能见到黑狼、灰狼和白狼。不过，我们并不认为这种红狼的栖息地是较北部的大平原，或者是下密西西比盆地，因此，我们称呼它为得克萨斯红狼。

这种狼的习性和前面说过的黑狼及白狼十分相似，但是由于某些地理原因，会存在一些差别，总的说来，它们诡谲、怯懦然而残忍的习性如出一辙。

据说，当这种狼造访墨西哥的旧战场时，它们更喜欢以阵亡的得克萨斯人和其他美国人的尸体为食，而不太喜欢墨西哥人，只是在不得已的情况下才吃后者的尸体。据说是因为墨西哥人的饮食中喜放胡椒，他们的肉中也饱含着这种辛辣的味道。虽然这个传说不很可靠，但人所共知的事实是，它们确实喜欢尾随着军队而迁徙，或者至少总是趁机在人们替阵亡的战士收尸之前拖走尸体，甚至是在葬礼举行之后。在战场上，成百上千的人被自己的同胞屠杀，如果说有什么东西能够让光荣

得克萨斯红狼 / *Canis rufus*

红狼地理分布图

而血腥的战场更加可怕，那便是这种贪婪的生物。它们成群结队地撕咬、争抢着那些英勇的、年轻的爱国者的尸体，而他们却刚刚为国牺牲。

受伤的落伍士兵，以及被印第安人杀死的倒霉的旅行者，他们的尸体也不会被红狼放过。仿佛它的使命就是在人类的残暴肆虐之后，再补加上它那份饥肠辘辘的凶狠。

当大平原上的旅人缓步穿过草原时，常常能够看到红狼出没。我们接下来从奥杜邦在得克萨斯州写下的日志中摘录部分，这些记载证明了红狼有时是相当鲁莽的，其中还提到了关于一头饥饿的红狼的冒险经历，这个故事的讲述者是鲍威尔（Powell），得克萨斯州一位勇敢的巡逻队员：

"像所有旅人一样，巡逻队员骑着马，在漫长的静默中穿过广袤的草原，他们可能正陷入冥想，或者是在发呆，可惜我从来没弄清楚到底是哪种情形。当我和沃克尔（又被称作哈伊斯）并肩骑行时，他总是说，在宽阔的眉头上面，或是炯炯有神的眼睛背后，常是一副无所事事的头脑。我们翻越一座又一座要塞，越爬越高，时不时走到一条溪流边上喝几口水，或者邂逅一头睡得香甜的野鹿，突然惊醒蹿到我们跟前，使那些快要睡着的队员醒醒神。……不过，当我和鲍威尔一起赶路时，我们没有遇到惊起的野鹿，也没有绕到水边去，而看到一头红狼从我们前方200到300码处跳出来，懒洋洋一阵小跑，正如这种生物平素的一贯作风。'滚开——'鲍威尔朝它喊道，随后发出一声响亮而尖锐的长啸，就像印第安人或白人习惯的那样。接着，那头狼把尾巴夹得比通常情形更低，就仿佛在一英里以外有一头猎犬打算扑向它并抓住它。鲍威尔大笑了几声，又发出一声长啸，那头狼听到后，几乎跳了起来。鲍威尔转过脸来，嘿嘿笑着说：'我给你讲一个我和这些无赖中的一头之间发生的有趣的故事，你肯定从来没有听过。'他讲述得很简单，事情是这样发生的：'有一次，我出发去奥斯丁西边15英里的地方巡逻，在那一带，我们可以随意开枪狩猎，因为印第安人在那边都绝迹了。那天早晨我杀了一头鹿，我把鹿的

一边肋骨剔下来，用一张皮包着，系在我的马鞍后边，整天都带着它。这样，晚上我可以用骨头炖一锅汤，而不用再打猎。当时天色阴沉，当我来到计划扎营并等待次日和其他人会合的地方，已经又冷又饿。我生了一堆火，打开我的宝贝包袱，因为天色已暗，我架起两根树枝，把鹿排放在火上烤着，然后走开去洗刷一番，再把马系好。但是，刚干到一半，我听到树枝'噼啪'一声，在这个印第安人曾经出没的地区，这意味着有事情发生了。我赶回去看看发生了什么，结果吃惊地发现，我原以为没有动物敢靠近火堆，可一头体形巨大的红狼居然已经偷偷靠近了我正在烤着的鹿排。我下意识地拔出手枪，朝它开了一枪。霎时间烟气弥漫，我什么都看不清，只知道我的汤肯定是完蛋了。没有晚饭可吃，我只好失意地在毯子上躺下。第二天拂晓，我起身打算弄点早餐吃，却吃惊地看到，那块烤得半熟的鹿排正在火堆边上大约20英尺远的地方，而大约20码的地方躺着一头死狼。看来，我那一枪打得和大白天一样准。'"

我们通过第91页图再现了一件位于一座沙丘上的漂亮标本，它正在嗅一根野牛的骨头，这根骨头正是它早餐唯一可以吃的"肉食"。

地理分布

在美洲大陆广泛分布的所有种类的四足兽中，我们经常可以发现，越往北，它们的颜色越显现出白色，而越往东或者说越靠近大西洋，颜色越灰，越往南，颜色则越黑，越往西，颜色越红。当我们往西向俄亥俄州走，经常看见美国北部和东部的灰松鼠出现一些红色的变体。在南方，海岸地区的狐松鼠有黑色和灰色的，但没有红色的。往西走，穿过佐治亚和阿拉巴马，许多种类呈赤褐色。在路易斯安那州，在南部地区，有两个种类和灰松鼠一样是常年黑色的，有一半的狐松鼠标本是黑色的，其他的则是红色。狼也是如此。在北方，可以观察到变白的趋势，因此许多狼是白色的。在大西洋沿岸，在美国的中部和北部，绝大多数的狼是灰色的。在南方，在佛罗里达，最常见的颜色是黑色，在得克萨斯州和西南部，一般是红色的。从科学的原则出发，很难对这种引人注目的特性作出解释，因此，人们萌生出了各种奇怪的念头。

这种狼在阿肯色州的北部到得克萨斯州的南部，一直到墨西哥，都有分布。我们尚不知道它们活动的最南端的界限在哪里。

总论

这种狼的毛色有好几个层次变化，我们未敢将之视为一个单独的亚种。尤其是因为，它常常和其他毛色的狼杂交。我们看到过，在好几群狼中红狼和灰狼及黑狼混在一起。

JOHN GOULD, ESQ., F.R.S, THE ORNITHOLOGIST.—FROM A LITHO-
GRAPH BY MAGUIRE.

约翰·古尔德像

古尔德笔下的狼

作　者　John Gould，1804—1881
　　　　约翰·古尔德

书　名　The Mammals of Australia
　　　　《澳大利亚的哺乳动物》

版　本　The Gould plates and text appearing in this edition were first published
　　　　betweed 1845—1863 as the mammals of Australia

约翰·古尔德（John Gould，1804—1881），19世纪英国博物学家和博物画家。1804年生于英格兰多赛特郡的莱姆里杰斯，父亲是一名园丁。14岁时，古尔德就在由父亲担任园丁工头的温莎皇家花园担任实习园丁，随后又在约克郡的利普雷伊城堡担任园丁，在此期间，他接受了包括剥制标本在内的训练，逐渐成为该领域的专家并于1824年在伦敦从业。得益于精湛的标本制作技术，他于1827年在当时刚成立的伦敦动物学会取得了研究与保存专员的职位。而他对鸟类的兴趣和研究，使他在1833年成为该学会鸟类部门的负责人。古尔德的

职位使他能够接触到当时最卓越的博物学家，并第一时间看到该学会获得的最新鸟类标本。1837年，当达尔文向伦敦地理学会展示自己第二次搭乘"小猎犬"号进行考察时所获得的哺乳动物和鸟类标本，古尔德受托鉴别其中的鸟类标本。他发现达尔文在加拉帕戈斯群岛发现并认定为山鸟类和雀类的鸟类，实际上是地雀的一个系列并具有独特价值，可分为12个亚种。这一发现曾轰动一时，并对达尔文提出自然选择的进化论有着重要影响。

达尔文本人在《物种起源》一书中也提到了古尔德的贡献。1838年后，古尔德携妻前往澳大利亚，计划对该地的鸟类进行研究，并成为第一个就这个问题出版重要著作的博物学家。古尔德澳大利亚之行的成果是7卷本的《澳大利亚的鸟类》，其中包括了600张精美图版，描述并命名了328种当时在学界尚不为人知的鸟。他还撰写了《袋鼠科动物专论》（又名《袋鼠家族》，1841—1842）和3卷本《澳大利亚哺乳动物》（1849—1861）。他被认为是澳大利亚鸟类研究之父，澳大利亚的古尔德学会就是以古尔德的名字命名的。

　　今天，塔斯马尼亚这样一个小岛已经变得人口稠密，条条公路贯穿东西海岸，交错穿过它的原始森林，因此，袋狼这种独特的动物的数量正迅速减少，甚至有可能完全灭绝。正如英格兰和苏格兰的狼一样，它很可能将被作为曾经存在过的动物记录在案。尽管这一结果是令人遗憾的，但我们并不能归咎于当地的牧羊人或者农民有意要在这个岛上消灭这种动物（虽然它们确实到处引起麻烦）。人们对袋狼（它在当地又被叫做老虎）发布过悬赏，但是塔斯马尼亚坚固的岩石溪谷和难以穿越的丛林，目前还能够保护它不被完全灭绝。

　　在摄政公园的动物学协会动物园中，生活着一对漂亮的澳洲袋狼，一雌一雄。这个有利条件使我能够获得目前为止关于袋狼最为完善的图像资料。由于人们对这种动物的兴趣是如此浓厚，我认为有必要给出一幅袋狼头颅的图片，加上一幅展示袋狼整体的图片（见第101、102页图）。

　　塔斯马尼亚另一个广为人知的名字是范迪门斯地，这也是袋狼栖息之地。它只生存在这个岛上，因此，我相信，找不到证据表明它在澳洲的邻近大陆出现过。这种动物可以说是有袋类动物、也是当地哺乳动物中最难对付的。尽管它比较弱小，不能袭击人类，但却可以狠狠地蹂躏本地更小一些的四足兽、家禽和定居者的其他家养动物，甚至绵羊也无法幸免。因为袋狼的袭击通

常发生在夜间，令人防不胜防。它造成的破坏引起了本地居民的仇恨，因此，在所有的开垦区，袋狼都已经绝迹了。不过，由于塔斯马尼亚仍然是一片原生地区，岛上有大片大片的森林未被砍伐，袋狼在其中还是能够找到躲避人类的藏身之所。因此，袋狼要完全灭绝，恐怕还需要很长时间。在这些偏远的地区，袋狼捕食沙袋鼠、树袋鼠、袋狸、针鼹以及其他一切小型动物。

在被圈禁的状态下，袋狼显得极为胆怯，一旦有风吹草动，它便会发疯似地上蹿下跳，同时从喉咙里发出类似犬吠的短促叫声。不过，袋狼是否在正常状态下也发出这种叫声，我们还不太清楚。罗纳德·C. 甘恩（Ronald C. Gunn）先生比任何一位科学家都有着更好的机会来观察野生坏境中的袋狼。据他说，在这片殖民地的大部分地区，袋狼都很常见。人们常常在乌尔诺斯（Woolnooth）和汉普夏山区看到袋狼。他曾经看到过一些体形很大、强壮有力的袋狼，即便是成群的狗也不敢上前与其中的某一头撕咬。袋狼通常在夜间袭击绵羊，但是白天也会四处觅食，尽管由于视力不佳，它移动得很慢。

哈里斯（Harris）先生是最先让我们了解这种动物的人，他说，袋狼栖息在塔斯马尼亚海拔最高的山区附近，在那幽深而人迹罕至的峡谷间的岩石和洞穴之间。哈里斯先生的描述所依据的那件标本，是用陷阱捕捉到的，诱饵则是一块袋鼠肉。被捕后，

THYLACINUS CYNOCEPHALUS.

澳洲袋狼 / *Thylacinus cynocephalus*

澳洲袋狼

它只活了不到几个小时，因为在捕捉的时候，它受了些内伤。它待在那一动不动，就像猫头鹰一样，不停地眨着瞬膜。人们后来在它的胃里发现了一些针鼹鼠的残肉。

甘恩先生最近收到了动物学会会员米切尔的一封来信，信上标明：1850年11月12日，寄自朗塞斯顿。在动物学会的小动物园中，收藏着这样一件标本：

"毫无疑问，袋狼是有益的，而且适于驯养。它一胎生育四只幼崽（至少我在雌狼的育儿袋中见到过四只），有时候更少。它们栖息在西部山区的山顶上（海拔3500英尺），在那个地带，偶尔会连续降雪好几个月，地面上常常会被雪覆盖好几周之久，因此那里十分寒冷。可以预料，伦敦的气候不会给它们造成什么严重的伤害。"

袋狼的毛较短，紧贴皮肤，不过质地有点像羊毛，因为每根绒毛都彼此交织在一起。袋狼通常的毛色是灰褐色，偶尔会夹杂一些黄色的绒毛。躯干下半部的颜色浅于上半部。背部的毛色，在紧靠皮肤的部位是深褐色的，每根绒毛，除了背部的横向斑纹外，都是越往上颜色越偏黄褐色，到绒毛的尖端颜色则更暗。腹部的毛发在根部是浅褐色的，外层则是白褐色的。背部的斑纹通常是15道，从肩部后方开始，起初比较狭窄，且限于背部，但是，当延伸到尾部时，这些斑纹逐渐变宽，伸向躯干两侧。后腿上的斑纹是最长的，在尖端还往往分叉。头部的通常颜色比躯干部分要浅得多，在眼部周围则略呈白色，在眼睛的前角可以看到深色斑点。口鼻部颜色较暗，上嘴唇的边缘是白色的。袋狼的眼睛大而圆，而且呈现黑褐色。长长的胡须从上唇伸出，两颊和眼睛上方也有一些。四肢外侧和脚掌部位的颜色，与躯干有些许差别。尾巴在根部覆盖着一层类似羊毛的绒毛，和躯干一样，但交错着三到四道黑色纹路。但是，从尾巴第二个四分之一部位的上部开始，绒毛变得又硬又短，紧贴皮肤，在外层是褐色，在底层则是浅褐色。在尾巴尖端部位的底层，绒毛要更长一些，在末梢也是如此，毛色则是黑色。

澳洲袋狼标本

达尔文像

达尔文笔下的狼

作 者 C.R.Darwin,1809—1882
查尔斯·罗伯特·达尔文

书 名 The zoology of the voyage H.M.S.Beagle,under the command of Captain Fitzroy,R.N.,during the year of 1832 to 1836
《"小猎犬"号科学考察动物志》

版 本 London: Smith,Elder,and Co.,1839—1843

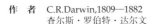

查尔斯·罗伯特·达尔文(C.R.Darwin,1809—1882),英国生物学家,生物进化论的奠基人。达尔文出生于一个医学世家,家里希望他能继承祖业。1825年,16岁的达尔文被父亲送到爱丁堡大学学医,他却经常到野外采集动植物标本,对自然历史产生了浓厚的兴趣。父亲一怒之下又送他到剑桥大学学习神学。在剑桥期间,达尔文结识了植物学家亨斯洛后,对博物学产生了更加浓厚的兴趣。1831年12月27日,达尔文以博物学家身份随海军考察船"小猎犬"号做了5年艰苦的环球考察,在考察中他克服了晕船、缺水等许多令人难以想

象的艰辛，爬船桅，涉险地，渡重洋，攀高山，采集了大量的植物标本和化石。达尔文观察到，许多相似的动物在地理分布上相距甚远，而相邻的地区却可居住着相似而不相同的物种。回国后，达尔文先研究地质学，后致力于生物学研究。1859年11月24日，达尔文出版了巨著《物种起源》，该书出版后迅即售罄，到1872年已再版6次。达尔文的著作还包括《动物和植物在家养下的变异》（1868）、《人类的由来及性选择》（1871）、《人类和动物的表情》（1872）、《兰科植物的受精》（1862）、《植物界异花受精和自花受精》（1876）、《攀援植物的运动和习性》（1875）和《食虫植物》（1875）等。马克思曾将自己的《资本论》第一卷赠送给达尔文，扉页题词是"赠给查理·达尔文先生，您真诚的渴慕者卡尔·马克思"。73岁时，达尔文因心脏病发作逝世，葬于威斯敏斯特教堂墓地。

"小猎犬"号的科学考察之旅对达尔文的思想发展有着十分重要的影响。1834年2月，"小猎犬"号冒风驶入马尔维纳斯群岛（英称福克兰群岛）。在马尔维纳斯群岛上，达尔文作了长时间的考察，他走遍全岛，收集了一些动物标本，寻找贝壳化石并进行地质勘测。他注意到，在马尔维纳斯东西两岛上都分布着当地唯一的大型哺乳动物，一种长得像狼的大型狐狸

（福岛狼），这是一种有强烈好奇心的肆无忌惮的野兽。茨罗伊船长认为，这种生物可能是随某些漂浮的树干被水流冲到马尔维纳斯群岛上来的，可达尔文却认为，这是只有马尔维纳斯群岛才有的一种特殊的狐。达尔文在《"小猎犬"号科学考察动物志》中提到了这种狼。随后，达尔文主持编写了《"小猎犬"号科学考察动物志》，该书由5位专家共同完成，其中"哺乳动物"部分虽由乔治·罗伯特·沃特豪斯执笔，利用的却是达尔文本人提供的材料（以及"小猎犬"号获得的标本），其中对福岛狼进行了更加详细的描述。

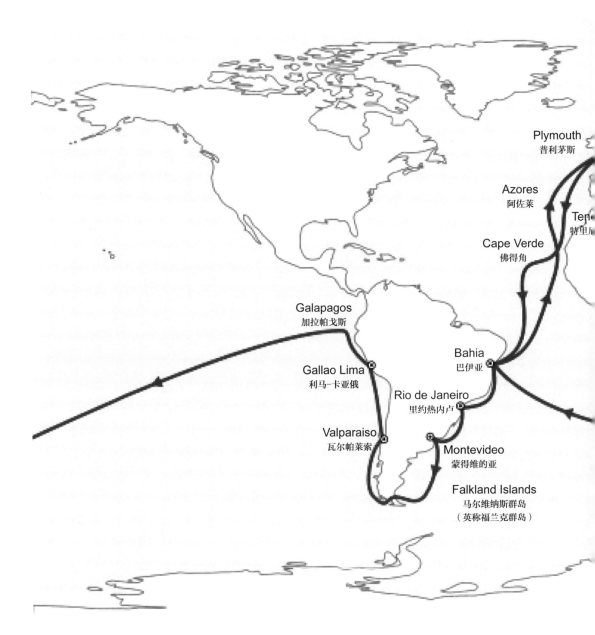

Plymouth
普利茅斯

Azores
阿佐莱

Ten
特里

Cape Verde
佛得角

Galapagos
加拉帕戈斯

Bahia
巴伊亚

Gallao Lima
利马-卡亚俄

Rio de Janeiro
里约热内卢

Valparaiso
瓦尔帕莱索

Montevideo
蒙得维的亚

Falkland Islands
马尔维纳斯群岛
（英称福兰克群岛）

"小猎犬"号环球科考图

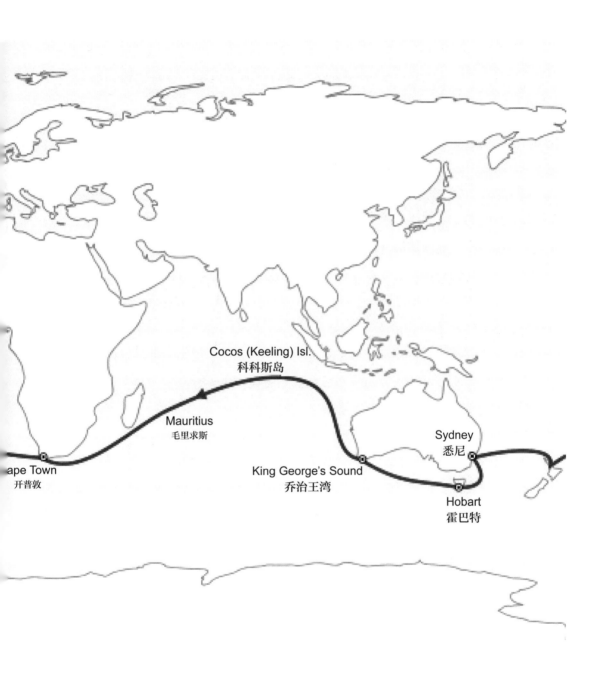

福岛狼这种生物要比普通的狐狸大得多，且体型更加健壮。事实上，它似乎是介于普通狐类和狼类之间的中间形态。与普通的狐或者狼相比，它的尾巴要小很多，而且毛不那么多，头颅的形状像狼，但是四肢要比严格意义上的狼类短一些。它的尾巴尖端是白色的，这是狐类的一个普遍特征。

福岛狼的绒毛比较长，下层的绒毛并不十分浓密，特别是与麦哲伦狐相比。下层绒毛是浅褐色的，每根绒毛的尖端呈黄色。更长一些的绒毛的尖端则是黑色的，下部呈褐色，夹杂着一些接近尖端部分的白色。但是在大部分的绒毛上都没有这种浅色的环纹。在福岛狼的胸部和腹部，毛发是暗黄色的，底部呈灰白色而尖端呈黑色。下腹部的绒毛几乎无一例外是蛋白色的。嘴角的周围、上唇和整个咽喉部位是白色的，颏部是白褐色或者淡褐色的。尾巴根部和躯干颜色一致，绒毛的构造也相同。尾巴尖端的绒毛要坚硬一些或者说不那么柔软，绒毛的尖端是黑色而底部是褐色。在尾巴最末端，绒毛则是纯白色的。四肢的毛色是黄褐色的，脚部的毛色要浅一些，后脚的侧面是褐色的，而胫部的外侧和后侧也是布满了同样颜色的绒毛。头部的绒毛则夹杂着黑色和黄褐色。黑色的绒毛要更加明显一些，只有眼睛周围例外，这里主要是黄褐色或者黄色。口鼻部

福岛狼（沃特豪
斯绘）

的颜色则异常地深，头部顶端也是如此。耳朵内侧的绒毛长而
白，外侧绒毛则是黄色黑尖的。越靠近耳朵尖部，黑色越明
显。颈部侧面靠近耳部的地方则分布着大量的黄褐色绒毛。

体型

从鼻部至尾巴根部的长度 36英寸

鼻部尖端至耳部的长度　　7英寸3英分

尾巴长度　　　　　　　　13英寸

耳朵长度　　　　　　　　2英寸9英分

至肩部的躯干高度　　　　15英寸

栖息地

马尔维纳斯群岛

达尔文先生写道:

这种生物的三个标本被菲茨罗伊(FitzRoy)船长带到了英格兰,上文的图绘和描述就是根据这一标本做出的。我能找到的关于这种生物的最早记录来自佩尔内第(Pernety),时间是1764年,当时,为了在马尔维纳斯殖民,布干维尔①对这个群岛进行了一次考察。有点可笑的是,由于这种生物对人类表现得极为"亲近",在拜伦(Byron)船队(1765)的水手中还引起了某种恐慌。拜伦提到,海豹并不是他们发现的唯一具有

---

① 布干维尔(Bougainville),法国海军军官,环球旅行家,1763年加入法国海军并被授予海军上校军衔,随后前往马尔维纳斯群岛探险并在该地建立了一个法国殖民地。——译者注

危险性的动物。"某日，船长受命前往探查南部的海岸，他回来报告说，四头穷凶极恶的野兽，看上去像狼，朝他们停在岸边的船扑来，并打算袭击船上的人员，由于在场的人恰恰都没有携带火器，他们马上把船驶到了深水区。"拜伦还补充说，"当这种生物中的任何一头一看到我们的人，哪怕是在很远的距离外，便立即冲过来。这一天我们至少捕杀了5头。随船的人总是把它们称为狼，但是，除了在体型和尾巴的形状上，我觉得它们更像是狐狸。它们和中等体型的獒犬差不多大小，牙齿又长又尖锐。在海岸附近有大量这种生物出没，只是不知道它们最初是怎样来到这里栖息的，这个群岛距离大陆至少有100里格①远。它们像狐狸一样在地上打洞，我们经常看到，它们巢穴的洞口散落着一些海豹碎肉和企鹅毛皮。为了除掉这些生物，我们的人在草地上放了一把火，这样一连好几天，这片地区在视线所及之处就成了不毛之地，我们看到它们成群结队地逃窜，寻找其他的栖息地。"

这种生物的习性迄今几乎没有什么变化，但是其数量却因为它们对人殊少戒心的特性而急剧减少。几个西班牙人（他们是被雇来捕猎那些逃到野地里的牲畜的）告诉我，他们经常用

---

① 1里格约为5573米。——编者注

这样的方式来猎杀福岛狼，即一手握着一把匕首，另外一只手则捏着一块肉来引诱它们过来。福岛狼分布在群岛的各个地方，但海岸地区最多，在岛屿内地，它们主要以山地鹅类为食，这些鹅因为害怕被捕食，所以只好在离岸的小岛上筑巢。这些狼并不成群活动，它们在白天四处游荡，但是夜间尤其活跃。它们在地上打洞，通常不发出嚎叫，但繁殖季节例外，人们说，它们在这时发出的嚎叫和阿氏犬（*Canis azarae*）十分类似。

来自南美洲南部不同地区的西班牙人和印第安人都来过马尔维纳斯群岛，他们都说这种狼在大陆上不曾见过，水手们也认为，在佐治亚和三明治岛，或者南冰洋的其他岛屿上都没有这种生物。因此，我认为，福岛狼是这个岛屿群独有的物种。在马尔维纳斯群岛的东西部都能看到这种狼，正如布干维尔和拜伦——他们考察的是不同的岛屿——的描述所证明的那样。我之所以强调这一点，是因为存在着相反的看法。洛（Low）先生是一位精明的海员，曾经多次到访过马尔维纳斯群岛，他肯定地对我说，西马尔维纳斯岛上的狼比东岛上的狼无一例外地体型更小，颜色则更红一些。参加对这个群岛进行的多次科学考察的军官们也同意这一点。大英博物馆的格雷（Gray）先生在我面前比较了菲茨罗伊（Fitz Roy）船长带来的这些标本，但是他无法在它们之间找出任何本质的区别。在过去的50年中，这种狼的数量肯定又进一步减少了，在东马尔维纳斯岛靠近圣萨尔瓦多湾尖角和博克莱桑德东面的那一半地区中，它们几乎完全绝迹。我认为，毫无疑问，由于这些岛屿如今已经被开辟为殖民地，等不到描绘这种生物的纸张腐烂，它们就会成为从地球上消失的物种之一。

1831年12月27日，达尔文随"贝格尔号"进行环球航行。达尔文与喜怒无常的费次罗伊（FitzRoy）船长共用一个拥挤的船舱，达尔文只能睡在一张吊床上，随着船体的每一次颠簸，吊床都会无情地摇晃。整个航程中，他备受晕船折磨。在旅行日记的开头，他就消沉地写道"没有房间是一种令人难以忍受的折磨，再也没有其他折磨能抵得上它"。

米瓦特像

米瓦特笔下的狼

作　者　St. George Jackson Mivart，1827—1900
　　　　圣乔治·杰克逊·米瓦特

书　名　Dogs, Jackals, Wolves, and Foxes—a Monograph of the Canidae—1890
　　　　《犬、胡狼、狼与狐：犬科动物专论》

版　本　New York: Publshed by V.G.Audubon,1851

圣乔治·杰克逊·米瓦特（St. George Jackson Mivart，1827—1900），英国著名动物学家、英国皇家学会会员。1827年出生于英国伦敦的一个新教徒家庭。青年时代曾在林肯律师学院担任律师，但热衷于研究医学和生物学。1862年他接任圣玛丽医院医科学校的动物学教席，1869年成为伦敦动物学协会研究员。1876年他获得罗马教皇庇护九世授予的哲学博士学位，1884年在鲁汶大学获得医学博士学位。他的代表作有《物种起源论》（1871），《基础解剖学教程》（1873），《蛙类》（1874），《猫：脊椎动物研究导论》和《犬、胡

狼、狼与狐：犬科动物专论》。《犬、胡狼、狼与狐：犬科动物专论》利用英国自然博物馆收藏的丰富资料，填补了当时野生犬科类动物研究的多年空白，其中特别详细地介绍了灰狼、埃塞俄比亚狼、鬃狼、福岛狼、郊狼以及亚洲胡狼、黑背胡狼、侧纹胡狼等多种动物的习性、分布和解剖学特征。书中的数据和插图均由作者根据实物或者野生考察制作，尤有价值。

DOGS, JACKALS, WOLVES, AND FOXES:

A

MONOGRAPH

OF

THE CANIDÆ.

BY

ST. GEORGE MIVART, F.R.S.

WITH WOODCUTS, AND 45 COLOURED PLATES
DRAWN FROM NATURE BY J. G. KEULEMANS AND HAND-COLOURED.

LONDON:
R. H. PORTER, 18 PRINCES STREET, CAVENDISH SQUARE, W.,
AND
DULAU & CO., 37 SOHO SQUARE, W.
1890.

《犬、胡狼、狼与狐：犬科动物专论》英文版扉页

1. 灰　狼

这种动物是犬科动物之中体型最大也最令人生畏的一种。它的凶猛及其经常造成的破坏人尽皆知，因此，即便是博物学家们，也附和布封的意见，认为它们确实是野性难驯的。不过，我们也亲眼见过一头西班牙雌狼，举止极为优雅。它可以任人凑近抚摸，还不断摇摆尾巴，以示愉悦，一如家犬所为。居维叶（F.Cuvier）曾经描述过一头圈养的狼，认为它极为驯良，对主人也十分忠诚；它的主人将之带到巴黎植物园展示，当主人离开后，它有一阵子表现得忧郁少食，但随后便开始与饲养员亲近起来。18个月后，它的主人回来探望它，一听到主人的声音，它便无比兴奋。解开锁链之后，它扑向主人的怀抱，像家犬一样，极尽亲昵之能事。又过了3年，当再次回到主人身边时，它依然表现出牢固的记性和持久的忠诚。因此，毫无疑问，若在幼年时期被捕获，狼是易于被驯服的；即便是未完全成年的狼，也是如此，它们能够与家犬一起生活，且学会像家犬一样吠叫。

灰狼常出没于森林和旷野，不论是昼间还是夜间，都可以发现它们的行踪，它们有时单独行动，有时成双成对，有时成群结队。特别是在冬季，它们聚集在一起进行捕猎。这时，它

灰狼 / *Canis lupus*
来自比利牛斯山区

们便对孤身的旅行者构成较大的威胁。1875年，在俄国便共计有161人丧生于灰狼的袭击，1873年，狼对畜群造成的损害据估计为750万卢布。狼可通过合作捕杀马和牛，而单独一头狼即可猎杀绵羊、山羊和幼童。它们贪婪地捕杀鸟类，还吃老鼠、蛙类或者几乎一切小动物。它们有时以腐肉为食，甚至可以用叶芽和苔藓充饥。

灰狼的嚎叫声大多是低沉的，但是，正如上文所言，它们若是被圈养起来，也能从家犬学到吠叫。

雄狼在1月份相互争斗，胜利者即可获得一头配偶，它们一直相伴，直至幼崽成年。灰狼的妊娠期长达63天，一胎能生3至8只幼崽。小狼吸食母乳2个月，但在第一个月末就开始吃雌狼投喂给它们的半消化的肉。雌狼将巢穴建在地穴、小山洞或者茂密的灌木中，通常覆盖以苔藓和自己在这个季节脱落下的外层绒毛。

在11月份或12月份，幼狼就离开父母，但彼此仍然结伴生活6到8个月，甚至更长时间。它们在第3个年头完全发育成熟，寿命长达12到15年不等。

欧洲的灰狼似乎是一个凶猛的掠食动物群体——鬣狗的后代。鬣狗是史前人类的大敌，这种生物迄今仍然生存在法国、比利时和其他欧洲国家的旷野和多山地带，在俄国数量也相

当多。

在英国理查二世统治时期，灰狼在约克郡应该十分常见，因为当时的惠特比修道院的账簿中记载有为狼皮服装所付的款项。到亨利七世时期，它们就似乎灭绝了。苏格兰的最后一头灰狼据说是在1743年被猎杀的，但是也有人说，在爱尔兰的威克洛山区，人们在1770年还捕杀过一头。不过，这些说法都是不准确的。可以肯定的是，灰狼在苏格兰一直存在到1680年，在爱尔兰则直到1710年。

灰狼的体型大约和一头大型的獒犬相当，不过不同的个体，特别是分布在不同区域的个体之间差异很大。

灰狼皮毛主要以黄褐色或赤褐色为主，颜色随着年龄的增长而愈深。头部、颈后部、肩膀、腰部和股部是偏黑色的，间杂以黄斑。还有一层内层绒毛是深蓝灰色或棕色的，其间也夹杂以白色而黑尖的毛发。股部和后腿的外侧呈红黄色，尾部亦如此，只是尾端为黑色。四肢的内侧则呈暗黄灰色。下颌、上颌的边缘、耳朵的内侧和腹部，均呈白色，深浅不等。一道黑纹从脚掌垂直向上延伸到腿部的正面，有时候还有一道V形的黑纹，尖端朝后，延伸过肩膀。

颅骨的形状和比例，以及不同牙齿的形状和相对发育程度，大致和犬科动物的共性相符。

在第120页图中，我们展示了一头来自比利牛斯山区的灰狼，与中欧的灰狼相比，它的毛色略显鲜亮多变一些。但是西班牙灰狼实际上多是颜色灰暗的，外层皮毛上常常有大量的黑毛，有时甚至通体黝黑。不过，不到20年前，一头黑狼也在比利时的迪南附近被捕杀。北欧的灰狼通常生有颜色更偏灰白的长毛，也可能颜色很浅。大英博物馆现存一件来自莫斯科的标本，就有着非常长而柔软的毛，颜色较浅，四肢外侧则全无浅褐色的毛。

灰狼是犬科动物所具有的多样性的一个典范。这种多样性绝不仅限于它的皮毛，而且也影响到了它的骨骼、齿系、整个躯干结构的总体比例和大小。

许多动物学家均将灰狼的不同地区性变体（包括欧洲和美洲的）视为是许多独特的亚种。在序言中我们已经看到，犬科家族的许多成员是如此富于变化，以至于如何将它们做单独的区分，很大程度上只是视动物学家们个人的自成其说的意见而定。如果按照我们的原则，即对那些没有发现稳定的差异特征的种类不进行单独区分，那么，我们不得不认为，这些地区性的变体只是灰狼的不同变体。

我们已经知道，欧洲的灰狼极富于变化，它们不仅有以红色或灰色为主的皮毛，而且（正如在西班牙发现的某些样本）

藏狼 / *Canis lupus chanco*

来自中国西藏

可能通体黝黑，又或者像北欧地区的变体那样颜色非常浅。

因此也许可以期待，在亚洲或者美洲的灰狼身上，我们能发现同样大的差异。

在第124页图中，我们展现了一只来自中国西藏的黑狼。它并非通体全黑，双股的后部带有红色的毛发，而嘴部周围、胸前的一小块皮毛，以及下颌的底部和脚掌处，都呈白色。

该图中的这一个体本是一对灰狼中的一头。1867年8月，金洛克（A.A.Kinloch）中尉和毕度夫（J.Biddulph）中尉把它们送给了伦敦动物学协会。他们从西藏的一些鞑靼人那里得到了它们，大概是在拉纳克山口的底下。这两只灰狼有着浓密的毛发，通体全黑，只是在鼻口部、脚掌和胸前的一小块地方呈白色。它们也是斯克拉特（Sclater）博士所说的"黑种（*C.niger*）"①。

大英博物馆中收藏着另一头黑狼，毛发较短，膝关节部略显棕色。它的面部也不是白色的，只是嘴唇周围是，股部后边有一些白色，前边有一些褐色。

在第127页图中，我们展现了一只漂亮标本。它是由霍德内（W.P. Hodnell）中尉在中国射杀的，并由哈维（A. Harvey）

---

① 此名称为同物异名，今已弃用，应为"*Canis rufus floridanus*"。——编者注

夫人转赠给了大英博物馆。格雷（Gray）博士将之命名为"藏狼

（*Canis chanco*）"[①]，这也是他据以分类的实际标本。它的毛色

呈浅灰褐色，背部的鬃毛是黑色和灰色夹杂的。在前额有略呈

灰色，带有黑色和灰色的短毛。

它的颅骨和牙齿都与灰狼无异。

这很可能与霍奇逊（B.H.Hodgson）先生划分出的一个

亚种，即所谓"*Canis lupus paelipes*"，属于同一变体。据他

所言，这种狼在中国西藏非常常见。对此，他描述道："上

面，深土褐色；下面，整个面部和四肢都是黄白色。四肢

没有斑纹。尾巴与躯干同色。"他补充说，这种狼自鼻口

部到尾部，长3英尺9英寸，尾巴则长1英尺4英寸。布兰福德

（Blanford）先生在他的《英属印度动物志》中同我们的做法

一样，将这一种类认定为灰狼。不过，他却认为印度狼，也

就是苏克斯（Sykes）所说的"C.pallipes"不是灰狼的一种。

而布兰福德先生却认为，它与灰狼的差别在于体型更加小而轻

盈，外层绒毛较短，内层绒毛较少或者没有。从这些特征看，

我们无疑可以找到灰狼的不同标本，它们之间的差距与它们同

印度狼的差距一样大。在我们仔细检查过的5张狼皮中，找不

---

① 原文如此。今用"*Canis lupus chanco*"。——编者注

藏狼 / *Canis lupus chanco*

来自中国

到足够令人满意的区别性特征，虽然它们肩上的V形条纹比多数欧洲灰狼要更加明显。我们起初认为，头颅能够提供一些区别性特征，因为其在眼窝之间上方的凹度较大，上颚和上颌骨的缝线的位置也有所不同，此外，齿系的一些细部也是如此。但是，进一步考察这两个种类的头盖骨，我们十分肯定它们之间不存在任何稳定的区别，此外我们找不到其他可以依据的标本。

在第129页图中，我们展现了一头印度狼，它是根据动物园中现存的一个标本绘制的。

它的毛色从暗红色到带微红的白色不等，还略带灰白，许多毛发是黑尖的，背部大体是黑色，特别是肩部的V形斑纹。四肢较躯干颜色为浅，尾部的毛是黑尖的，但深浅不一。躯干的下部略带些白色（一个标本不久前从北京到达大英博物馆。这实际上是一种小型动物，在颈背部有着清晰的黑色斑纹，一直向后延伸形成中间断掉的背纹。尾巴直到根部都是浅赭色，但是末梢部分呈红色，黑尖。耳朵、鼻口部、头部后面和四肢都比印度狼，也比多数欧洲灰狼的标本要红一些）。

这一变体看上去主要集中于喜马拉雅山南麓的平原，但是据说在印度和下孟加拉也发现过，然而十分稀有。据我们所知，在斯里兰卡没有发现过。

至于印度狼的习性，布兰福德先生告诉我们，它们不大成

印度狼 / *Canis lupus pallipes*

群生活，而是三三两两地结队袭击人类，有时候也会有6到8头狼一起捕猎。每年都有大量的印度婴儿被它们叼走。当地人的迷信也助长了它们的肆虐，因为当地人很害怕杀狼，担心狼血会有损农作物的收成。同欧洲一样，在印度也流传着由狼养大的男婴的传说，不过真实性很值得怀疑。

人们很少能听到这种狼的声音，它也不像欧洲灰狼那样嚎叫。它的繁殖季节从10月中旬一直到12月底，但多数是在12月。幼崽眼睛看不见，耷拉着耳朵。它们的颜色通常在表面是乌褐色，在毛发的根部是浅褐色，特别是在头部和体侧。它们胸前有着奶白色的斑点，尾巴的尾端通常是白色的。过一段时间后，胸前的斑点就消失了，代之以颈部下面季节性的深色领状毛发。

印度狼以其速度和耐力而著称。耶尔顿（Jerdon）博士告诉我们："我曾经目睹狼群回过头来转向起初紧跟着它们的猎狗，并机敏地尾随着它们到距离我的马很近的地方。一头狼还曾经混入了一群正在追逐一只狐狸的格雷伊猎犬，幸运的是这只狐狸立刻就被捕杀了，否则这只狼很可能就会抓住某一只猎犬来取代狐狸了。当猎犬们忙于围堵狐狸的时候，它蹲在大约60码远处，饶有兴致地看着，好不容易才被赶走。"

灰狼的美洲变体已经被命名为"加拿大森林狼"（*Canis*

lupus occidentalis），我们相信，它不能被看作与欧洲种不同的另外一个亚种。它的极端形态之间存在的差异，比起它们同欧洲种之间的差异还要大得多（这两种狼是极为类似的），而且欧洲种的极端形态之间存在的差异也是同样大的。

我们已经检查了一系列狼皮，试图极为仔细地寻找不同的特征。我们已经找到了一种类型，毛色没有大部分欧洲种那么红，特别是在后腿和头部的后面。但是，在这一点上，它们与来自北欧的标本吻合。美洲的狼皮，背部大体上要比大多数欧洲种色泽更黑，但是又不及西班牙灰狼。

我们仔细地测量了一些美洲灰狼的颅骨和牙齿，并将它们与欧洲种比较。不过，我们无法找出二者之间所存在的哪怕一丁点的稳定性的差异，所能找到的差异大都不出于这两种灰狼的标本内部存在的差异。

在第132页图中，我们展示的这头狼，似乎是美洲灰狼，即"加拿大森林狼"的正常标本。

在美国，耕地和人口的大规模迅速扩张已经极大地缩小了这种令人生畏的生物的生存空间。但是，艾伦（Allen）指出，就在不到20年前，它仍然生活在马萨诸塞州。1829年，它们在落基山以东的沙原中曾经非常繁盛，在这里它们出没于野牛群的周边，猎杀生病或者落单的牛犊。但是它们不敢冒险袭击任

灰狼 / *Canis lupus*

何一头健壮的成年野牛。猎人们告诉理查德森（Richardson）先生，他们经常见到几头狼穿过一群野牛，而后者则安之若素。猎人们曾经利用灰狼谨慎和犹疑的性格去获得它们已到手的猎物。为此，通常只需要将一块手帕或者一只空囊系于树枝之上。不过，奥杜邦（Audubon）已经证实了这种生物十分凶猛，他提到曾经有两个黑人，尽管携带了短斧，仍然在夜里遭到了袭击，其中一个竭力搏斗之后爬到树上逃生，而另一人则被杀死吃掉了。尽管具有肉食和掠食习性，这种狼也时常以浆果果腹。

理查德森观察到，灰狼掘地为穴，它的地洞通常有多个出口。他还在萨斯喀彻温的平原和柯珀曼河的岸边见过一些美洲灰狼。

如今，承蒙艾略特·库伊（Elliott Coues）博士告知艾伦先生的看法，即在密西西比以东和加拿大以南的地方，人们仅在荒无人烟的地方被发现过这种狼，如新英格兰和纽约的北部，阿勒甘尼的部分地区，南佛罗里达，或者俄亥俄以南的内陆州县一部分人烟稀少的地方。在缅因州的一些偏远州县数量很多。在密西西比以西，这种狼的数量比起以前来要少得多，而在大多数的地区，它们已经绝迹了。在美国的北方，除了加拿大的一些人口较多的地区，这种狼还很常见。

巴尔德（S.F.Baird）先生很正确地观察到灰狼亚种具有的多样性和统一性："把所有这些狼视作是具有许多变体的一个亚种，抑或将所有这些变体都视为单独的亚种，在这两种意见之间很难折中。因此，我们看到有上密苏里的毛色纯白的狼，铅色带暗黑色的密苏里狼，通体黝黑的佛罗里达和南部州的狼，通体全红或全赤褐的得克萨斯狼。这些狼在体型和毛色方面也相差很大，越往南，狼的体型越显得瘦长，后肢站立起来也更高，这也很可能是因为它们的毛更短更密。"狼群的活动范围甚至向南延伸到墨西哥的瓜纳华托，但是这些南方的狼在体型上大都小于北方的，特别是亚北极区的狼。

我们研究了一张来自美洲的黑色狼皮，巴尔莱特（A.D.Barlett）先生不久前在利物浦还看到过一张纯白的狼皮（也是来自同一地区），不过不是白化种。在大英博物馆中还保存着雷（Rae）从北美带来的一件标本，它与众不同的地方在于长着长长的白毛，堪称极北地区那种颜色极浅的变体的典范。它在背部中央还长有颜色往根部逐渐由浅至深的鬃毛。

由此可知，在南北半球，我们发现过毛色呈红色、灰白、黑色和白色的狼，它们的体型或极其健壮或瘦长，毛发或者长而浓密，或者极短，此外还存在大量的过渡型。因此，若要一一将它们区分为亚种，那么亚种的名目一定会剧增，而却不存在实质性区别。另一种方法就是将所有这些种类都视为是由于不同气候和地域关系造成的变体，属于同一亚种，正如我们所持观点那样。因此，在我们提出的分类名目中，这些种类都被归于一个名目下，即灰狼（*Canis lupus*），其他大量的异名都被归并到这个名词下。

美洲灰狼的栖息地从墨西哥一直延伸到加拿大北部，到格陵兰岛。

最后还剩下一种狼值得探讨，它可能是变体，也可能是一个单独的亚种。这种狼被特明克（Coenraad Jacob Temminck）命名为"*Canis hodophylax*"，即日本狼。特明克提到，当地居民把它叫作"Jamainu"。据说这种狼出没于日本的丛林和山地，以小规模群体和家庭为单位进行捕猎。日本人非常畏惧这种生物，甚至认为它的肉是不洁的，不宜于食用。

至于这种狼有何独特之处，特明克承认，它很像灰狼，但是声称它与灰狼不同的地方，不仅在于体型较小，而且首先在于四肢较短。不过，我们已经确凿地见过一种灰狼，它的四肢与特明克在图版中画出的狼一样短。

然而，布劳恩（D.Braun）教授却认为这是一种单独的亚种。他所得出的数据显示出这种狼的腿确实较短，但是，尽管他将短的尾巴和很长的鼻口部作为一个有区别意义的特征，事

实上尾巴却不是很短。布劳恩教授还说："毫无疑问，在日本只存在一种狼。"

在大英博物馆中，保存着日本狼的两具颅骨。这两具颅骨均未显示出足以将它们同灰狼区别开的特征。相反，这两具颅骨尽管都是来自成年狼，倒是大小差异较大。因此，如果连日本狼之间在头部的体积上都存在如此大的差异，也很难说它们的四肢长短就不会和欧美大陆上发现的灰狼存在差异。此外，布劳恩教授告诉我们，日本种（*hodophylax*）体貌特征确实存在多样性，因为他明确指出，在东京的一家博物馆中，狼皮标本的颜色极为多样，有"偏黄的""偏褐的"和"浅灰的"。

大英博物馆保存的这两具颅骨，其中较大的一具来自北海道，这个地区具有一些古北界特征。较小的一具来自Kotsuke，在动物学特征上更加富于东方色彩一些。它们很可能不过是区域性的变体，发生了不同的变化以与当地环境相适应。这一点与我们在美洲大陆上发现的狼是一致的，在那里，北墨西哥和赫德森河的灰狼的颅骨的长度，与整个群体的平均数之间相差不低于25%。

总之，我们尚不能够认为，日本狼可以被分为一个单独的亚种。我们的观点同赫胥黎教授是一致的，他对犬科动物有专门的研究，因此能够看到日本狼的一个活标本。他说："关于日本狼（*Canis lupus hodophylax*），现在在植物园中就有一头活着的标本，看上去似乎就是较小一些的灰狼。但是，由于我们没有关于这种狼的颅骨标本，我暂时无法做出定论。"我们现在已经有幸能够检查这两具颅骨了，因此得以确证上述赫胥黎基于观察活物所建立的假说。

栖息地：若将迄今为止上述所有的种类都看作是灰狼这个亚种的变体，那么我们可以认为，这种生物的地理分布十分广泛，似乎分布在整个的古北界地区（撒哈拉以北的非洲除外），往南则延伸到印度斯坦，只是没有到达斯里兰卡、缅甸和印度洋群岛。在美洲，这种生物从墨西哥瓜纳华托往北一直到整个大陆，均有分布。

2. 埃塞俄比亚狼

我们接下来要考察的这种生物，显然是一个十分独特的亚种。它与灰狼的许多变体均不存在特别的相似之处。这种狼是爱德华·吕贝尔（Edward Rüppell）在埃塞俄比亚旅行时发现的。他说，这种狼在该国大多数省份都可以见到。它们成群捕猎，以家羊和其他小型野生动物为目标，但是被认为从来不对人类构成威胁。在塞米恩山区，人们曾经活捉过一头狼，现在

J. G. Keulemans del et lith.

THE ABYSSINIAN WOLF
Canis simensis

Mintern Bros imp

埃塞俄比亚狼 / *Canis simensis*

被保存在大英博物馆。这个标本是所属亚种的典型，我们在第138页图中展示出来了。

这种生物体型大致和一头大的牧羊犬差不多。

埃塞俄比亚狼的独特之处在于鼻口部又长又细。

它在身躯整个上部和外部的毛色是浅褐色的，略带些浅黄浅红。在嘴部周围是白色的，在眼睛周围，耳朵的内缘，胸部，肘部下方的前肢的正面，后腿膝以下的正面，肛门周围，尾部的近半部分的侧面和底部，股部内侧，以及腹部的下方，都带点白色。尾部的远半部分是黑色的。咽喉下方、腹部的上方之类较低的部位则不是白色的，在色泽上要比较靠上的部位浅。在尾部的近半部分的上部有许多黑色，在躯干和腰部两侧的毛发大部分也是黑色的，但偶尔也会夹杂一些白毛。

栖息地：埃塞俄比亚。

头颅和牙齿特征

这一亚种的颅骨与灰狼相差十分显著，它的面部极其细长。

齿系方面比较特殊的是上颌第四前臼齿较臼齿要小。

3. 鬃 狼

　　这种狼的命名不太适当，因为后颈部相当长的毛发很难被称为"鬃毛"。不过，这种狼是一种十分有趣的生物，和埃塞俄比亚狼一样，它也构成了一个极为与众不同的亚种。这种狼是迄今为止在南美洲发现的体型最大的犬科动物。它部分在巴拉圭及其附近的一些地区，特别是巴西的米纳斯吉拉斯省。它的四肢很长，耳朵又大又长，再加上那醒目的毛色，使得它很容易就被辨认出来。

　　尽管鬃狼体型较大，却绝非一种危险的生物，它从来也不攻击人类。据阿扎拉（Azara）说，这种狼栖息于低洼潮湿的环境，习惯独居，从来不成群捕猎。阿扎拉认为，尽管它会捕杀野鹿，但从来不对家畜群造成损害。不过，它确实有时候追逐绵羊。阿扎拉自己养的一头狼非常喜欢吃老鼠、小鸟、甘蔗和橘子，但是它从来不试图捕捉家禽，尽管后者时常出没在它的周围。它和家畜们都相处得不错。在野生环境下，鬃狼捕食豚鼠、豪猪、禽鸟、蜥蜴，甚至某些昆虫。它也会以植物为食，并且特别喜欢番茄类的果实。据伦格尔（Rengger）说，它们经常出没于巴拉圭丛林的周边地区靠近水源的地方。不过，也有人在平原的深灌木丛中见过它们。但是，因为它们

鬃狼 / *Chrysocyon brachyurus*

是一种十分胆怯的生物（甚至害怕小狗），除了被关在笼子里的那些，一般人很少能见到它们。除非在荒无人烟的地区，它们一般昼伏夜行。雌雄两性在秋季彼此接近，在这个季节中，人们常常能听到它们发出的声声低吼。当地人称它们为"A-gua-a"，显然就是源于这种叫声。

一头被圈养的鬃狼能够听懂自己的名字，不论是陌生人还是主人在喊它。它不喜欢正午的日光，通常从上午的10点睡到下午5点。午夜之后也小憩片刻。

鬃狼可以与家犬杂交，由此交配出的杂种，据伦德（Lund）博士说，是用于打猎的好帮手。在8月，雌狼一胎能够生育3到4只幼崽。

这一亚种似乎最初是以多布里茨霍夫（M.Dobritzhofer）的称呼"Aguaria"而为人所知的（《阿比邦人史》，1783年维也纳版，第404页）。活的鬃狼首次被带到欧洲，是在1877年，它在伦敦动物学协会的动物园中被展出。

第141页图展示的这种生物，它的皮毛现在还保存在国家博物馆中。这头鬃狼就是来自伦敦动物学协会的动物园，它在那里只活了一段时间。

鬃狼的躯干长满长毛，绝大部分带有浅红黄色调。从后颈背向后延伸过肩部，有一道纵向居中的黑色斑纹，下颌的底部表面也是黑色的。在两只前腿的下半部分的正面,脚踵以上和躯干后部的中间,都有黑色斑纹。在上下颌的周围一般也有大量黑色,但是脚趾的上表面是覆盖着白色绒毛的。头部也有很多黑色绒毛。咽喉上部的正面以及下颌的下表面的后部,都是白色的。耳朵内侧生有长长的白色绒毛,尾巴末端也是一簇白毛。身体的其他部位是红黄色的,肩部、背部中央和耳朵外侧颜色较深。

这种生物的毛色显然是富于变化的。布尔迈斯特(Burmeister)所描述的那个标本,比起我们现在展示的这个标本,或者比起在《动物学协会记录》中的一幅图版中展示的标本,毛色要暗许多。后者在嘴部周围是白色的,在咽喉正面没有白斑,也没有肩部颜色渐深的横纹。

布尔迈斯特的标本的咽喉部是白色的,但是咽喉部以下有一道形状奇特的黑色纵纹(这在我们的标本和《动物学协会记录》的图版中是没有的),向下方和后方延伸,直到在胸前的一处。鼻口部也是黑色的。

栖息地:巴西,巴拉圭,可能也包括乌拉圭和阿根廷的北部。

头颅和牙齿特征

颅骨伸得很长,下颌骨的角度很小。上颌第四前臼齿异常

地短，综合考虑，上颌的两颗真臼齿在比例上异常地长。

我们的版刻展示的颅骨，与我们曾经描述的狼皮来自同一个体。

胸部较小。

桡骨、前臂骨和后脚骨很长。

与前脚掌的食趾相比，前拇指骨相当短，与后脚掌的食趾相比，后拇指骨甚至更还要短。

4. 福岛狼

这种体型较小的亚种只生存在马尔维纳斯群岛，即便在那里它们的数量也在急剧减少。这一亚种似乎是在1763年到1764年，由唐-佩尔内第（Dom.Pernetty）在他的《马洛亚群岛探险史》首次加以描述的。当参加这次远征的探险家们看到这种生物朝自己走来，还以为它们是凶猛的动物。但是佩尔内第精明地发现："可能这种生物并不凶猛，它们走过来接近我们，只不过是因为此前从未见过人类。"

参加拜伦（Byron）准将发起的探险的海员们看到这种生物时，也同样感到新奇，并且比较慌张。"某日，船长受命前往探查南部的海岸，他回来报告说，四头穷凶极恶的野兽，看

THE ANTARCTIC WOLF
Canis antarcticus

福岛狼 / *Dusicyon australis*

上去像狼，朝他们停在岸边的船扑来，并打算袭击船上的人员，由于在场的人恰恰都没有携带火器，他们马上把船驶到了深水区。"

在叙述"小猎犬"号的航行经历时，达尔文（Darwin）先生提到："这一天，它们又干了同样的勾当。有人发现它们钻进了一顶帐篷，居然把一位熟睡中的海员压在枕头底下的肉拖了一些出来。高乔人经常在夜晚一手举着肉、一手握着匕首将它们刺死。"

这一亚种在马尔维纳斯群岛的东西部都被发现过，但是当"小猎犬"号到来的时候，它们的数量已经减少到这样的程度，以至于在岛屿的狭长段，即圣萨尔瓦多湾到东岛的贝克莱湾之间，完全绝迹了。

福岛狼主要以当地的鹅为食，为了躲避它们，这种鹅不得不到边远的小岛上筑巢。达尔文先生还告诉我们，它们并不成群捕猎，也不具有夜行习性，当然，它们在夜间比白天要活跃一些。除非在繁殖季节，它们一般不发出嗥叫。

像狐狸一样，它们掘地为穴，拜伦注意到在狼巢的洞口散落着一些海豹碎肉和企鹅毛皮。拜伦告诉我们："为了除掉这些东西，我们的人在草地上放了一把火，这样一连好几天，这片地方在目光所及之处就成了不毛之地，我们看到它们成群结队地逃窜，寻找其他的栖息地。"我们的图画即第145页图是根据布尔纳（W.Burnet）爵士从马尔维纳斯群岛东部带来的一件标本绘制的。

这种生物的毛很长，下层绒毛十分浓密，呈浅褐色。鬃毛是黄色的，尖端一般呈黑色，在躯干上部交杂以白色。腹部的后部几乎完全是蛋白色，胸前的毛是黄色黑尖，根部呈灰色。

嘴唇周围、颏和咽喉的毛是白色的，耳朵内缘也是如此。股部北侧也呈白色。四肢在表面是黄褐色的，脚掌颜色较浅。可能在头顶中央带有黑色，鼻口部颜色较浅。尾巴上毛发浓密，在五分之二的近半部分颜色与躯干一样，接下来的五分之二是黑色，最后一段则是白色。

躯干上并无特殊记号，只是在后腿的下部有一块黑斑，就在脚踵的正上方。在颈部下方的一侧，毛色渐深，形成向颈部的过渡。生活在马尔维纳斯群岛东部的个体，与西部的个体相比，体型较小，颜色更偏红一些。它们的耳朵总是很短的。

栖息地：马尔维纳斯群岛。

头颅和牙齿特征

矢状崤呈扁平状，这一扁平的痕迹有一个琴状的边缘。

颚骨和上颌骨之间的骨缝，并没有太向前凸出并形成上颌第四前臼齿内结节后边的连接线。

在我们检查的头颅中，上颌第三前臼齿的后部的位置已经进入了第四前臼齿前部，但是可能是一个个体特征。

5. 郊 狼

郊狼是一种数量庞大且在野外分布十分广泛的生物。

承蒙库伊博士在艾伦先生的授权下回复我们的询问，我们知道了这一亚种已经在美国的绝大多数地方绝迹了，在其他地方，其数量也大幅下降。在堪萨斯州、内布拉斯加州和平原附近的地区，它们可能已经完全消失，然而就在150年前，它们的数量还很多。不过，库伊博士自己认为，在灰狼已经不再生存的一些地区，可能还能够找到郊狼，这一点我们也觉得很有道理。由于它们不那么危险，所以也免受人类的疯狂捕杀，而它的体型较小，也有助于它逃避猎人的目光。萨伊（Say）先生告诉我们，就在大约70年前，郊狼的数量还要超过灰狼许多。最先给郊狼命名的那位作者已经描述了郊狼在躲避各种陷阱方面展现的狡诈和机敏。

很可能这种生物是成群捕猎的，虽然维尔德王子（Prinz Wied）遇到的是一头独行的郊狼，但那多半是偶然。郊狼至少分布在北纬55度以下，向南则穿过中美洲到达哥斯达黎加。戈

THE PRAIRIE WOLF OR CAYOTE
Canis latrans

郊狼 / *Canis latrans*

德曼（Godman）和萨尔文（Salvin）两位先生认为，在危地马拉当地郊狼最多。不过，郊狼数量最繁多的地方还是在墨西哥北部、新墨西哥州和得克萨斯州。

郊狼因其喜好嚎叫而声名狼藉。在这一方面，库伊博士说："在你真正领教它们烦人的程度之前，你不得不花上一两个小时试图让自己睡着。"两三头郊狼的嚎叫听起来像是在比赛得分，音调又长又嘈杂，此起彼伏。短而刺耳的吠声一声接着一声，直至间歇越来越短，最终进化成拖长的哀嚎。它们在夜间、早晨和晚上随时可以发声，虽然在白天不大能够听到。郊狼贪婪地以一切肉类为食，人所共知的是它们曾经尾随一个旅行团好几天，每天清晨人们拔营启程的时候，它们都冲进营地寻找任何可以吃的垃圾。如果没有肉，它们也吃植物。在秋天，它们主要以仙人球的果实为生，在冬天则吃刺柏果。

人们想方设法捕杀这种生物并获取毛皮。但是郊狼很难捕获，因为它们极其警觉和狡猾。因此，人们更多地是在充当诱饵的死尸上或肉中下毒来杀死它们，用的是番木鳖碱。在诱饵上经常涂上一点阿魏，这样对它们更具诱惑力，因为郊狼很喜欢这种物质的气味。

郊狼在得克萨斯州直到西海岸，都是一种十分常见的动物。巴尔德引述肯纳利（Kennerly）博士说，郊狼的行动并不

郊狼

迅速，在开阔地上很容易被一匹中等健壮的马追上。他还说：
"我从来没有见过它们袭击大型的四足动物，很可能它们在沙
漠地区主要靠捕杀兔子、老鼠和幼鸟等为生。我也从来不知道
它们袭击过人类，只有受了伤，它们才绝望地发起疯狂的反
击。"不过，一头健壮的狗就可以杀死它们，虽然有人看到一
头郊狼只身与三只狗搏斗。在理查德森的时代（1829），郊狼
在密苏里和萨斯喀彻温的平原上还很常见，这种生物一听到枪
声就从地里惊起，成群结队而来，希望能够搞到被杀死的动物
的一些残肉。

弗兰奇乌斯（Frantzius）博士提出过一个见解，认为郊狼只是在不久之前才进入中美洲栖息的。在这一地区的南部，郊狼似乎很晚才开始大规模繁殖，所以他认为郊狼可能是从北方迁移过来的，就在西班牙人摧毁了他们所征服的当地半开化国家的政治组织并减少了当地人口之后。

郊狼是在岩石间的隐蔽处和地下洞穴中长大的。幼狼在5、6月诞生，一窝五六只，据说也有多达10只的。它们可与家犬杂交。

我们的第149页图是根据现存在动物学协会的动物园中的活体绘制的。

郊狼

郊狼的毛色，据库伊博士所言，随着季节的更替而多少有变化。在夏天是浅黄褐色，在冬天呈灰色或者深灰色，这两个季节中，它们的毛色都杂有一片片的黑色。这种黑斑不是规则的，而是沿着背部、肩部和臀部形成一道道纹路。身体下部呈蛋白色。鼻口部的表面、耳朵和四肢的外侧，大多是一色黄褐。郊狼的体型实际比看起来要瘦长得多，因为它的身体覆盖着长而浓密的外层绒毛。

栖息地：从哥斯达黎加南部一直到加拿大，至少在北纬55度。

头颅和牙齿特征

颅骨没有什么特殊的特征，在牙齿形状方面，我们也没找到任何特殊特征。

6. 亚洲胡狼

亚洲胡狼（俗称印度豺）比印度狼分布的范围要广泛得多。它们的足迹不仅遍布整个印度半岛，而且到达了斯里兰卡、缅甸和勃固省。它们出没于丛林和平原、高地（海拔约3000到4000米）和低谷之中。亚洲胡狼甚至敢进入人口稠密的城市。在城市，亚洲胡狼的杂食性使它们扮演起了有益的清道

Weiner del.   *Lithog de C.de Last.*

Chacal mâle

亚洲胡狼 / *Canis aureus*

夫的角色——虽然不仅是清扫垃圾，有时还捕猎家禽和其他小型家畜。在郊外，亚洲胡狼会吃任何它们所能够捕获的动物。虽然人们见到它们有时单独或者成对行动，但是捕猎时它们是成群结队的，特别是在夜间，它们还发出大声的嚎叫。生病的绵羊和山羊，以及腿瘸或受伤的羚羊，都很容易成为它们捕猎的对象。在找不到肉食时，亚洲胡狼也乐意吃水果或者甘蔗，它们甚至很喜欢吃，其他爱吃的水果还包括枣果和成熟的咖啡豆。耶尔顿博士指出，亚洲胡狼很容易被格雷伊猎犬捕获，但如果遇到猎狐狗，它们便能侥幸逃脱。他还说，亚洲胡狼的生命力很顽强，也很会"装死"，以至于能够骗过有经验的猎手。有一次，一头亚洲胡狼赶来帮助另外一个被格雷伊猎犬捕获的伙伴（可能是它的雄性配偶），它凶猛地攻击猎犬们，而耶尔顿博士就骑着马站在不远处。

布兰福德先生指出，亚洲胡狼的叫声可以分为两个部分，"一声尖啸，重复三四次，每次的音调都高于前一次，然后通常是连续三声短吠，也是重复两三次。通常英印话里面的'死印度人，哪里，哪里，哪里'，听起来倒是和这种叫声很像"。

除了正常的叫声，当发现自己附近出现了一头虎或者豹的时候，亚洲胡狼还能够发出一种十分特别的叫声。毫无疑问，这是一种表示恐惧和警示的叫声，因为豹子也捕杀亚洲胡狼为食，而且可以肯定的是，一头饿虎也会毫不费力地捕杀亚洲胡狼。似乎就是这种习性产生了关于亚洲胡狼是"狮子的爪牙"的寓言故事，这个故事在印度还很流行。

亚洲胡狼和狐狸一样，也是在地洞中筑巢，一胎能生育大约4只幼崽。它可以很容易地与家犬杂交。

亚洲胡狼的体型大小不一，毛色也富于变化。因此，很值

得研究，是不是应该将它与普通的金背胡狼视为同一亚种？如果它们是一个亚种，那么欧洲胡狼也应该属于同一亚种。如果它们属于不同亚种，那么另外一个问题就是，欧洲胡狼是不是应该单算一种，或者相反，欧洲胡狼应该被归入哪一种，是亚洲胡狼还是金背胡狼？[①]

我们的画家所展示的这一标本（第154页图）来自印度北部，是由科柏（Cobbe）上校送给大英博物馆的。

这些种类之间的毛色的差异肯定不如灰狼的不同变体之间的差异那么大。但是，依据以下理由，我们倾向于认为金背胡狼和亚洲胡狼是不同的亚种（我们只是暂时这么看，尊重其他的博物学家有提出相反观点的权利）。这大概只是一个盖然性的问题，而且非常模糊。我们据以暂时将它们区别开的理由是，尽管金背胡狼和亚洲胡狼两类之间的区别，从毛色来看并不大，但是这种区别具有稳定性。在亚洲胡狼的17张毛皮中，我们只发现了一例缺少外部的主要特征，它们的耳朵比金背胡狼要短一些。

但是，另外一个特征也值得我们重视。不论灰狼的不同种类之间，在体型方面区别有多大，我们并未能够找到在颅相和

① 现在一般认为，亚洲胡狼，即金胡狼，与金背胡狼为不同物种；欧洲胡狼为金胡狼欧洲亚种。——编者注

齿叶比例方面的任何一个稳定的区别特征。就我们所知，这些区别确实存在于金背胡狼和亚洲胡狼之间。如果进一步的研究推翻了这一观点——这也是很有可能的——那么，金背胡狼和亚洲胡狼就应该视为是同一亚种了，正如我们将印度灰狼和美洲灰狼与欧洲灰狼都视为同一亚种一样。

这样决定下来以后，接下来的问题就是，我们应该把欧洲胡狼归入哪一种类？欧洲胡狼主要分布在希腊和土耳其，远至达尔马提亚。毫无疑问我们应该把高加索和小亚细亚胡狼视为与欧洲的土耳其胡狼同属一个类别。不过不幸的是，我们没有找到来自这些地区的标本可供检验。但是，在国家博物馆中收藏着一具颅骨和一件毛皮，来自阿纳托利亚。这是查尔斯·费罗（Charles Fellowes）上校赠送的。如果我们从这件收藏品出发，那么这种地区性变体在毛色和牙齿特征方面与金背胡狼不同，而和亚洲胡狼相似。

1833年，法国探险队对摩里亚的科考报告出版，其中关于哺乳动物的部分是由圣蒂莱尔（Isidore Geoffroy Saint-Hilaire）先生撰写的。这位著名的博物学家倾向于认为，摩里亚胡狼和印度以及北非的胡狼均属于同一亚种。我们已经指出，事实很可能就是如此。不过，据他的描述，克里米亚胡狼的头部和四肢的毛色，同我们在亚洲胡狼身上发现的一致，但和金背胡狼

不同。他十分强调克里米亚种背部的大量黑斑。但是，这只是该生物的特征之一，而当我们检查来自同一地区的大量毛皮标本之后发现，还存在大量的差异变化。

依照圣蒂莱尔先生的描述，胡狼在摩里亚十分常见，它们成群捕猎，发出婴儿啼哭般的叫声，它们会突然接近某个旅行者，让他大吃一惊，但是并不纠合同类。它们通常不仅是以腐肉为食，而且圣蒂莱尔发现它们还有刨掘死尸的习性。在独立战争期间，它们有时候会在夜间溜入军营，吃任何能够找到的皮鞋和靴子。它们也尾随营地迁徙，科学考察发现，一些地区虽然在战争时期有大量胡狼出没，但后来却见不到胡狼的踪影，因为它们已经随着军队一起离开了。

胡狼通常的毛色是暗黄色，略带些红色，在躯干的上半部还夹杂着数量不等的黑毛。下层绒毛是褐色的，四肢完全是红褐色的，两耳之间和耳朵后面，以及鼻口部，也是这种颜色。耳朵背面是黄褐色。躯干的下半部分毛色总是要浅一些，有时候还是白色的。尾巴是红褐色（只有尾端是黑色的），但尾巴下部的毛也是黑尖的。在腰部上方通常会长有两道黑线，这两道线在尾部汇聚。我们也见过黑化种和白化种，此外胡狼的毛色还可以深到呈现亮红褐色。我们见过一个来自尼泊尔的标本，还有一个来自德干高原的标本，都呈暗黑色。

栖息地：印度，斯里兰卡，缅甸，往南一直到勃固省的南部，西南亚到高加索，小亚细亚，土耳其，希腊和达尔马提亚。

有时候耳朵要更长一些。最长可达6.5厘米。

头颅和牙齿特征

我们检查其颅骨的形状并与灰狼的颅骨比较，可发现眼眶之间的凸起和鼻口部背面的前后凹都要浅很多。上颌第三臼齿的主牙后面的两个结节也很小。

7. 金背胡狼

在讨论上一种胡狼的时候已经提到，我们拿不准是否应该将金背胡狼和亚洲胡狼区别为不同的亚种。现有可供我们研究的标本来自埃塞俄比亚、埃及和突尼斯，它们都具有独特的毛色，与亚洲胡狼身上的主要毛色不同，同时，还在颅骨和前臼齿的形状方面具有与亚洲胡狼不同的特征。

或许应该将吕贝尔的"*C.variegatus*"（苏丹亚种）视为金背胡狼的一个变体，这是布兰福德先生的观点。我们讨论下一亚种（即黑背胡狼）的时候再考虑这个问题。

非洲胡狼的习性和亚洲及欧洲的胡狼相似。尽管非洲胡狼通常看上去比亚洲胡狼大，但在该亚种的内部，不同个体之间

金背胡狼 / *Canis anthus*

仍然存在较大的差异。在毛的长度和身上黑毛的数量方面，也存在很大的差异。

金背胡狼的耳朵比亚洲胡狼要长。

我们挑选出来作为图例的标本（第160页图）是哈里斯（Harris）上尉从埃塞俄比亚带回的，现在正收藏于国家博物馆。

我们认为，判断这一亚种和吕贝尔所说的*Canis variegatus*（苏丹亚种）的区别，主要依据的是布兰福德先生的意见。他有大量的机会在当地接触吕贝尔所说的这种胡狼和接下来要描述的这种胡狼。但是，*C.variegatus*的独特特征已经被首次描述它的人，也就是吕贝尔本人所否认了。在埃塞俄比亚的高原海拔5000英尺的地方，布兰福德先生见到过这种胡狼的许多个个体。根据吕贝尔的描述，这种胡狼的耳朵要比金背胡狼长一些，这个特征与我们下节描述的亚种相同。但是，金背胡狼的耳朵比亚洲胡狼的还要长，而且它们也有可能正处在伸长的状态，或者在画中被夸大了。

这一亚种的毛色和亚洲胡狼相似，只是在体侧要略灰一些，四肢的红褐色要浅一些。耳朵背面是浅黄褐色。背部黑色毛发的多少不等，位置也不相同，因为它们容易在腰部形成一块不规则的黑色斑纹，而不是条纹。躯干下部可能会略带白

色，也可能不是如此。尾巴的末梢有黑色，但是居维叶并没有表明这一点。根据吕贝尔的描述，尾巴的大半部分则是黑色的。

栖息地：撒哈拉以北的非洲，埃及和埃塞俄比亚。

头颅和牙齿特征

金背胡狼的颅骨和亚洲胡狼的不同之处，在于眼眶之间凸起的程度要大一些，由此，在这个凸起的前方，鼻口部背面的前后凹的程度也要大一些。

前上颚孔同样比较大，上颌第三前臼齿的小后结节要发达一些。

8. 黑背胡狼

这是一种体态优雅、斑纹鲜明的胡狼，我们的国家博物馆中有丰富的标本收藏，包括来自南非的七件皮毛和来自埃塞俄比亚的两件。它是一种极其引人注目的动物，因为它的躯干两侧有着鲜红的毛色，而背部则是黝黑的。这两个部位的色差对比强烈，形成了一条十分清晰的分界线，正如我们的第163页图所示。这幅图版展示了一头成年雄性个体，它也是我们所见过的最为与众不同的一头。英国皇家学会会员布兰福德先生从

黑背胡狼 / *Canis anthus*

安瑟巴将它带来。这种胡狼似乎在南非分布广泛，它最早的命名是"好望角胡狼"。

吕贝尔描述说在埃塞俄比亚发现的那种胡狼，被他命名为"*Canis variegatus*"（苏丹亚种）。它的独特特征是很可商榷的，而且正如前面说过的，已经被吕贝尔本人所否认了。布兰福德（W. T. Blanford）先生在1867到1868年间对埃塞俄比亚进行了一次考察，他在科马伊里和瑟纳费之间的隘口偶尔会遇到一些黑背胡狼，到了马萨瓦以西的山脚下和安瑟巴，他就经常见到这种胡狼。他告诉我们，至少有一次，他看见这种胡狼就待在狮子的附近，有人指出狮子就躲在某处，当胡狼群从狮子的附近缓慢而谨慎地走过，它们不断地朝狮子埋伏的灌木丛张望。

布兰福德先生在埃塞俄比亚的高原（也就是海拔5000英尺以上）没有发现过这种胡狼。但是，他倒是见过在这个国家生存的一些普通胡狼，他认为这些生物是吕贝尔所说的*Canis variegatus*种。

幼年胡狼通体的毛色都是暗褐色。成年胡狼毛色一般要浅一些，但是背部和体侧颜色的差异度变化也较大。体表的绒毛全部或几乎全部是带有环纹的，每一根都大部分呈白色、黑色或者黄色。因此，躯干的不同部分的外表很容易辨别出来，有时候出现略呈黑色或白色的斑纹。背部的黑斑在肩部最大，逐渐向后收窄。体侧毛色是红色的，四肢和尾巴的近半部分是橙黄色，或者橙红色。尾巴的末梢是黑色的。下颚的下部、胸部、腹部和四肢的内侧，都是白色或略带白色的。耳朵的背部呈浅黄褐色，内外均厚厚地覆盖着绒毛。

在我看来，诺雅克（T.Noack）博士命名为"*C.hagenbeckii*"的那种胡狼，很有可能就是黑背胡狼的一种形态。这种胡狼背部的黑毛比正常情况要长。艾伦贝格（Ehrenberg）和海布李希（Hemprich）提出过一系列亚种，包括*lupaster*，*sacer*，*riparius*几种，但是它们之间区别甚小，而我们对胡狼多样性的分析已经让我们确信再对它们一一加以考察只是浪费时间。

栖息地：南非，埃塞俄比亚。

头颅和牙齿特征

颅骨在眼眶之间凸起的程度小于金背胡狼，但大于亚洲胡狼。不过，前上颚孔像亚洲胡狼一样比较小。上颌第三前臼齿的形状与亚洲胡狼相同（例如，主牙后的结节很小），但与金背胡狼不同。

9. 侧纹胡狼

这种漂亮的生物有着极为引人注目的特征，也就是它的浅色侧纹。斯克拉特（Sclater）博士最先充分注意到这一物种，并为之另外取名为"*C.lateralis*"。不过，我们认为，它同松德瓦尔（Sundevall）描述并命名为侧纹胡狼（*Canis adustus*）的生物属于同一种。不仅是在大英博物馆中保存的皮毛标本显示，不同个体在侧纹上存在极大的差异，而且，就是这一亚种的标准样本的皮毛，当被画出来的时候还有着浅色但是清晰的条纹，但是被送来之后，就几乎完全看不清了。这一标准皮毛样本现在保存在国家博物馆，但我们认为不便在这里展示出来，因为其保存状况不佳。因此，在第167页图中，我们选择了展示由约翰斯顿（H.H. Johnston）先生从乞力马扎罗带来的一头成年雄性个体的皮毛。这件标本最清楚地展现了该亚种的典型特征。松德瓦尔和比德斯所描述的无疑是那种侧纹不太明显的个体，一如我们前面提到的那件标准样本现在的状况。侧纹胡狼和其他种类的胡狼区别最大的特征，在于耳朵背面的颜色较暗，而这一特征在有侧纹的标本身上也存在——后者毫无疑问是斯克拉特博士名之为"*C.lateralis*"那一物种。

度沙宇（Du Chaillu）先生在非洲大猩猩的栖息地见过这种

侧纹胡狼 / *Canis adustus*

胡狼。他说："在我们回到市镇之前，我射杀了一只mboyo①，这是一种非常胆怯的动物，有点像狼，有着长长的黄毛和竖直的耳朵。我常常看见这种生物包围和追逐小动物为食。它们的群体跑起来很协调。它们的策略就是来回奔跑，这样很快就能够让任何一种耐力不足的动物晕头转向，精疲力竭，最后被捕获。"

约翰斯顿先生发现，侧纹胡狼在乞力马扎罗山下的村庄很常见，由于能从这些地方偷出一些垃圾或其他食物，它们大多是被这种诱惑吸引而来。虽然他发现它们的地方，已经有海拔5000英尺，但在海拔3000英尺以上的其他地方，他没再见过这种胡狼。

侧纹胡狼的鼻口部是细长的，耳朵没有黑背胡狼那么长，但是比其他胡狼要长一些。

侧纹胡狼的毛色是黄褐色，下部要浅一些。耳朵背面呈深褐色。在标准样本的两侧，有一道浅色的纹路从肩胛后方向上和向后延伸到尾巴根部一侧。这道浅色纹路在下方有黑色的边缘。

尾巴的大部分是黑色的，但是尖梢部分是白色的，不过，在大英博物馆中保存的两件标本在尾巴末梢都只有少量的白毛。

栖息地：中非到南非。

---

① 非洲某地方言。——译者注

头颅和牙齿特征

侧纹胡狼木刻画

这种生物的颅骨值得注意的地方在于，它的颚骨很长，向后延伸，超过后真臼齿后缘的接合线。

我们发现，其中一具颅骨带有一个异常的特征，即在上颌右侧有5颗前臼齿，多出的一颗生长在正常的第1和第2前臼齿之间。之所以发现这一点，是因为，在颅骨的左侧，上颌第1和第2前臼齿之间有一个对应的牙间隙。

纳尔逊在阿拉斯加

纳尔逊笔下的狼

作　者　Edward William Nelson，1855—1934
　　　　爱德华·威廉·纳尔逊

书　名　Wild Animals of North America – 1918
　　　　《北美野生动物》

版　本　Publshed by the National Geographic Society, Washington, D.C.USA

爱德华·威廉·纳尔逊（Edward William Nelson，1855—1934），美国博物学家和民族学家。他生于新罕布什尔州的曼切斯特，幼年丧父，1868年举家迁往芝加哥。1871年，由于芝加哥大火，他和他的家人都沦为无家可归者。1876年，纳尔逊在巴尔的摩的霍普金斯大学学习生物学，1877年，纳尔逊加入了美国通信兵，当时，军内正打算挑选具有科学训练、能够研究当地动植物区系的军官驻防边远考察站。纳尔逊被分配到了阿拉斯加的圣米歇尔。1881年，纳尔逊作为博物学家随同美国后备军"戈尔温"号开赴弗兰格尔岛搜寻美国

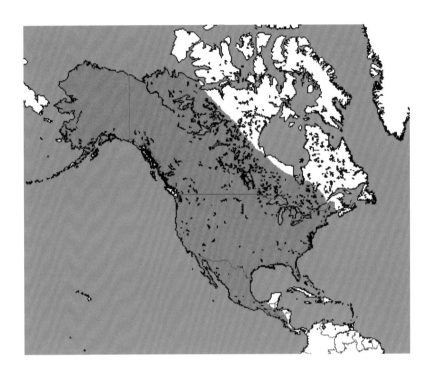

军舰"珍妮"号。1887年，他将自己的系列考察结果出版，这就是《关于1877至1881年间阿拉斯加博物志收藏的报告》，1900年，他还出版了一本人种学著作《白令海峡附近的爱斯基摩人》。1890年，纳尔逊被任命为特别战地通信员，参加了美国农业部资助的死谷探险。之后，他受命主持在墨西哥的一次田野考察。纳尔逊在墨西哥停留了14年，继续为生物调查局工作，一直到1929年退休，1916年到1927年间他担任该局局长。1897年开始，纳尔逊和E.A.戈德曼一起对墨西哥的陆地脊椎动物进行了长达十年的调查。纳尔逊曾担任美国鸟类学会、美国哺乳动物学会和华盛顿生物学会主席。纳尔逊一生出版了包括《北美野生动物》在内的近200种科学著作，也是首次对墨西哥狼、墨西哥崖燕、戴氏盘羊和棕颊蜂鸟加以描述的博物学家。

WILD ANIMALS
OF NORTH AMERICA

INTIMATE STUDIES OF BIG AND LITTLE CREATURES
OF THE MAMMAL KINGDOM

BY
EDWARD W. NELSON

Natural-Color Portraits from Paintings by Louis Agassiz Fuertes
Track Sketches by Ernest Thompson Seton

PUBLISHED BY THE NATIONAL GEOGRAPHIC SOCIETY
WASHINGTON, D. C.
U. S. A.

《北美野生动物》
英文版扉页

1. 北极狼

　　为了适应极北环境，北极狼进化出了白色的外层绒毛，常年不换。它们的体型是同类中最大的，并且拥有超乎寻常的精力，这是在这样严酷的环境中进行捕猎所必不可少的。在极北地区，对于那些弱小的生物，大自然要更加残酷，只有强者才能够生存下来。

　　北极狼分布在树木稀少的阿拉斯加、加拿大北冰洋沿岸，从那里穿过北冰洋岛屿，直到北纬83度以上格陵兰岛北岸。

　　极北地区短促的夏天是个美好的季节，在这个时候，大群的野禽为它们提供了充足稳定的食物来源。在这个季节，北极狼哺育它们的幼崽，而狼群则吃得更加肥壮，还能够为即将到来的漫无天日的冬季储备必需的食物。当冬天降临，旅鼠和北极兔，偶尔也有白狐，成为饥饿的北极狼不那么稳定的食物来源，不过，更大一些的猎物也是必需的。

　　在栖息地北部，它们和当地其他动物一起忍受着漫长的冬夜。在那里，终日风暴肆虐，冰天雪地，一旦发觉猎物踪迹，就必须一追到底。狼群捕猎在阴沉的冬夜中进行，它们追逐麝牛和白色的驯鹿群。按照狼群的生存法则，食物将共同分配。

　　白狼是大自然为野生的麝牛和驯鹿制造的最可怕的天敌之

THE PEARY CARIBOU
One of the geographic forms of the Barren Ground Caribou
(see text, page 460)

ARCTIC WOLF

422

北极狼 / *Canis lupus tundrarum*
北极狼与皮尔里驯鹿的生死搏杀

一。狼群的数量和其他食肉动物一样，随着它们主要的猎物数量而增减。如果麝牛和驯鹿绝迹，北极狼也将不复存在。

2. 大平原狼

与欧洲和西伯利亚的狼亲缘关系接近的大型灰狼，曾经一度在北冰洋和北美的温带地区大量生存着，只有在干旱的沙原中不见它们的身影。它们的地理分布从北纬83度以上的遥远的北方地区向南一直到达墨西哥谷中的山区。

当白人最初在美洲殖民时，与它们的猎物相比，狼的数量很多，而且到处都是。随着大陆的土地被陆续开垦，狼群的大型猎物也逐渐被消灭，狼也在此前的主要栖息地绝迹了。但是，在从密歇根州以西，沿着落基山往南，在马德雷山脉的北部边境，一直到墨西哥的杜兰戈，以及墨西哥湾国家的森林中还能见到它们。

它们栖息地中的气候的变化和其他物理因素造就了为数众多的地理变种甚至是亚种，它们的体型和毛色均不相同。本书①第421—422页介绍的白色北极狼就是其中最为重要的一

① 即《北美野生动物》。——编者注

GRAY, OR TIMBER, WOLF　　　　　　　　BLACK WOLF

种，但是落基山脉和美国东部的灰狼，是最为著名的一种。

黑狼（右）与大平原狼（左）

很早以前，欧洲大陆的狼群，一旦饥饿难耐，便会毫不犹豫地袭击人类，也成为令人恐惧的野外恶魔。美洲狼却很少向人类展示凶猛的这一面，这可能是因为白人到来之前猎物相对丰裕，加上开拓者中普遍使用火器。狼是一种非常难以消灭的生物，这从它们迄今还生存在法国和欧洲其他地方这一事实就能看出来。这一方面是因为它们繁殖能力强（一胎能生育8到12只幼崽），另一方面也是因为它们十分机灵，能够有效地对付它们的天敌——人类的各种诡计。

灰狼似乎总是处于交配季，在春季，它们在天然形成的狼穴，如岩石丛中，或者在山边挖的洞穴中养育幼崽。雄狼和雌狼对于保护它们的幼崽都十分警惕。雄狼负责捕杀猎物带回狼穴，并在巢穴附近警戒，而雌狼则负责照顾年幼的狼崽。在一年的其他时候，由一两对狼和它们的幼崽组成的狼群经常在一起捕猎，互相帮助，这一点就显示了它们高度的智慧。事实上，狼是与家犬亲缘关系最近的生物，而家犬的心智能力之强是众所公认的。

蓝色标注的地区为大平原狼经常出没的地方

在野牛群大量存在的时候，大型的"野牛灰狼"也成群结队地在西部荒原上随意出没。由于这种大规模的猎物群已经消失了，只有一小部分狼幸存了下来。但是，剩下的这一小部分，不仅对密歇根北部和阿拉斯加的沿海岛屿的野鹿和其他猎物造成危害，也捕杀了许多落基山地区的家畜。

由于牛和绵羊的损失日常严重，国会拨了一大批款项来用于消灭狼群和其他掠食动物。于是，这些和平的破坏者的数量很快便急剧减少。这种做法的必要性从以下的事实就可以看出来，最近人们在科罗拉多捕获了一头巨狼，它已经捕杀了价值3000美元的牲畜。尽管狼是一种有趣的生物，在荒野也有一席之地，但是它们的习性使得文明社会无法接受它们。

3. 郊　狼

北美洲的西部生活着一群特殊的小型狼，它们被称为"郊狼"（Coyotes），这个名字应该是阿兹特克名称"coyotl"在西班牙语中的变形。郊狼分布在密歇根州北部、亚伯塔省北部和英属哥伦比亚，往南直到哥斯达黎加，从爱荷华西部和得克萨斯直到太平洋海岸。它们最喜欢栖息在美国西部多灌木或多草的平原，或是墨西哥的高原地区。

PLAINS COYOTE, OR PRAIRIE WOLF

郊狼 / *Canis latrans*

在广泛的栖息地上，郊狼进化出了许多不同的亚种和许多地区性种类。它们的颜色、体型和其他特征均不相同。有些郊狼几乎和灰狼一般大，有些则要小得多。

它们比较胆小，而且与灰狼相比，缺乏足够的社交本能。在某些不太常见的场合，它们成群捕猎，但是组成的是以家庭为单位的捕猎群，包括当年出生的狼崽。它们的配偶数量似乎是固定的，而且通常在一起捕猎。它们在河岸边的地穴中，或者碎岩和悬崖边的巢穴中养育幼崽，有时候多达14只。幼狼比较容易被驯化，早期的开拓者们从西部印第安人那里看到的一些狗很可能就是这种狼的后代。

对于在西部荒野中旅行的人而言，郊狼是常见的生物。人们到处都能看到郊狼小步穿过灌木蒿或其他茂密的树丛，或者停下来向入侵者张望一下。如果受惊吓，它们会以令人惊讶的速度穿过平原。在夜里，它们尖锐的哀嚎给荒原更增加了几分孤寂。

随着西部定居点的扩张，以及大大小小的猎物数量的减少，郊狼对家禽和其他种类的牲畜造成了愈来愈多的损害。因此，人人都力图消灭它们，不论是用枪，还是用陷阱，抑或是用毒药。尽管有长年累月的战争，它们的机敏加上惊人的繁殖能力仍使得它们在大多数的原栖息地幸存下来。它们捕杀家畜

的行为是如此地肆无忌惮，以至于人们愿意花好几百万美元来作为消灭郊狼的奖赏。

但是，这种控制方式已经被证明是没什么效果的，联邦政府只好亲自干预捕杀郊狼和西部其他数量较少的掠食动物，雇用了大约300名猎人来从事这项工作。完全消灭郊狼无疑将破坏生态平衡，助长老鼠、土拨鼠和其他同样有害的啮齿目动物的气焰，因此也会使庄稼遭到的破坏严重增加。

郊狼给这片令人生畏的土地平添了许多趣味和本土色彩，因而也成为西部文学作品中的一个重要主题。在这里，它通常是狡诈多变和迅足的象征。不论它有什么过错，郊狼实在是一种奇特有趣的生物，我们希望，它从我们的荒野生活中彻底消失的那一天，要在很遥远的将来才到来。

4.亚利桑那郊狼

亚利桑那郊狼（亦称默恩斯郊狼）是所有种类中最小，同时也是颜色最漂亮的一种狼。它的分布仅限于科罗拉多河谷下游两岸的荒原，主要是在亚利桑那州的南部和临近的索诺拉地区。这片地区是美洲大陆最炎热和最荒凉的地区之一，郊狼要想在此生存，就必须具有相当程度的心智，它们也正是以此为

ARIZONA, OR MEARNS, COYOTE

亚利桑那郊狼 / *Canis latrans mearnsi*

特征的。在冬季，暴风雪和极度严寒在平原郊狼的家园中肆虐着，相反，南方的郊狼则必须忍受火炉般的酷暑，有时候伴随着长时间的洪涝。当小湖中的水干涸的时候，植物也进入了休眠期，很大一部分哺乳动物都会死亡。

亚利桑那郊狼，和其他种类的郊狼一样，是杂食动物。在食物丰裕的时期，郊狼只需要略施偷袭，便能捕获老鼠、袋鼠、衣囊鼠和其他草原上的啮齿动物。随着季节的变换，肉食之外还补充以甜豆、多汁的仙人掌和其他多刺的荒原植物的果实。在水源足够用来灌溉的地方，通常都会有印第安人或墨西哥人小村落。郊狼也往往围绕这些定居点活动，从村子里偷吃家禽、青玉米、瓜和其他村民种植的水果。许多郊狼还出没于加利福尼亚湾，以海龟蛋和其他海产品为食。

一旦有人来到荒漠中的池塘和湖泊，这些掠食者很快就会知道。当旅人们清晨起来，他们多半会发现，在他们就寝地方的中间，在营地周围的沙地上，四处都是郊狼意味深长的足迹。如果经验不足，他们还会发现熏肉和其他食品被这些活跃在沙漠中的犬类拖出来偷走了。这些善于入侵营地的生物，清晨常常躲在距离营地不到75或100码的灌木丛中，好奇地看着这些外来者，直到某些充满敌意的行动惊得它们飞快地逃走。